U0086697

博碩文化

博碩文化

喪屍Scrum
生存指南

邁向真敏捷的復原之路

Christiaan Verwijs、Johannes Schartau、Barry Overeem 著
Dave West & Henri Lipmanowicz 共同推薦

周龍鴻 PhD, CST 主編　　敏捷翻譯志工小組 譯

博碩文化

The Professional Scrum Series Scrum.org

喪屍Scrum 生存指南
邁向真敏捷的復原之路

Christiaan Verwijs、Johannes Schartau、Barry Overeem 著
Dave West & Henri Lipmanowicz 共同推薦

周龍鴻 PhD, CST 主編　敏捷翻譯志工小組 譯

The Professional Scrum Series Scrum.org

本書如有破損或裝訂錯誤，請寄回本公司更換

作　　者：Christiaan Verwijs、Johannes Schartau、
　　　　　Barry Overeem
主　　編：周龍鴻 PhD, CST
翻譯團隊：敏捷翻譯小組
責任編輯：Lucy

董 事 長：曾梓翔
總 編 輯：陳錦輝

出　　版：博碩文化股份有限公司
地　　址：221 新北市汐止區新台五路一段 112 號 10 樓 A 棟
　　　　　電話 (02) 2696-2869　傳真 (02) 2696-2867

發　　行：博碩文化股份有限公司
郵撥帳號：17484299　戶名：博碩文化股份有限公司
博碩網站：http://www.drmaster.com.tw
讀者服務信箱：dr26962869@gmail.com
訂購服務專線：(02) 2696-2869 分機 238、519
（週一至週五 09:30 ～ 12:00；13:30 ～ 17:00）

版　　次：2024 年 3 月初版

建議零售價：新台幣 650 元
I S B N：978-626-333-665-0
律師顧問：鳴權法律事務所 陳曉鳴律師

商標聲明

有限擔保責任聲明

國家圖書館出版品預行編目資料

喪屍 Scrum 生存指南：邁向真敏捷的復原之路 /
Christiaan Verwijs, Johannes Schartau, Barry Overeem
著；敏捷翻譯小組譯 . -- 新北市：博碩文化股份
有限公司 , 2024.03
　面；　公分
譯自：Zombie Scrum survival guide

ISBN 978-626-333-665-0 (平裝)

1.CST: 軟體研發 2.CST: 電腦程式設計

312.2　　　　　　　　　　　　　112018061

Printed in Taiwan

著作權聲明

歡迎團體訂購，另有優惠，請洽服務專線
博碩粉絲團　(02) 2696-2869 分機 238、519

《喪屍 Scrum 生存指南》

獻給所有持續對抗喪屍 Scrum 的受害者與無名英雄。

我們在此支持你！

譯者簡介

Product Owner：周龍鴻 博士 PhD, CST

卓越 Area Product Owner：林汶因 CSP-PO, CSP-SM, PMI-ACP

審查委員（依姓氏筆畫排序）

王文足 CSM, ICF PCC, CEC 高管教練

朱艷芳 PhD, PMP, CNSpm

李泳蓁 A-CSM, PMP, CSPO

林家瑋 AWS Security Hero, CISSP, PMP

徐光明 PMP, PMI-ACP, CSP

馬維銘 PhD, PMP, CSPO

莊文圳 CSM, CSPO, ACC

傅昭銘 PhD, CSM

卓越志工幹部（依姓氏筆畫排序）

張志維 CSP-SM, CAL, CSPO

林宏盛

林信融 CSM

卓越志工 ScrumMaster（依姓氏筆畫排序）

林士智 PhD Candidate, PMP, PMI-ACP

彭鈐浩 PMP, ISO 14064-1 GHG Auditor

葛晉澤 PMP, ISO 20000 / 27001 Lead Auditor

黎秋苓 PMP, CSM, PRINCE2 Agile Practitioner

卓越審委與志工（依姓氏筆畫排序）

卓越審委：朱艷芳、李泳蓁

卓越志工：王淳祈、江同聖、吳岳霖、吳淑玲、呂思穎、李詩欽、
孫以泓、陳采萍、黃玟綺、黃彙銘、黃楓媚

FQA（依姓氏筆畫排序）

王可帆 ISO 9001 Lead Auditor, PMI-ACP, PMP

王淳祈 PMP, CSM

江同聖 IPMA,BCC, GCDF

陳采萍 PMP, CSM

黃楓媚 PMI-ACP, PMI-PBA

Developers（依姓氏筆畫排序）

王芊千 PMP, PMI-PBA, CBAP

吳在弘 CSP-SM, CSP-PO, CSD

吳岳霖 CSM, PMP, CSTQB

吳淑玲 PMP

呂芳睿 CSM

呂思穎 PMP

宋文法 CSM

李姿陵 PMP

李雅婷 PMP, PMI-PBA, CSM

李詩欽 ISO 27001 Lead Auditor

周純如 PMP, CEO-CSM

林欣欣 PMP

林育岑 KMP

林采葶

林清雅 PMP, PMI-ACP, GCDF

林毓璇 CSPO

凃猗礴 PMP

洪民翰 ISO 27001, ISO 27701 Lead Auditor

洪綉璜

孫以泓 PMP, CSM

徐暉雄 ISO 9001:2015

高新綸

郭皓洋 PMP, PMI-ACP

陳采秀 ATD 諮詢技巧 , TQC / TQC+, MTA

陳威宙 CSM

陳昱瑋

陳稼軒 PMP, RMP, CSM

曾泓棨 PMP, CSM

黃文華 PhD

黃玟綺 PMP, PMI-ACP, CSM

黃彙銘 PMP, PMI-ACP, PMI-PBA

黃議申 PMP, PMI-ACP, CSM

楊于廣 PMP, PMI-ACP

歐行中 PMP, CSM

潘建明 PMP, PMI-ACP, OGSM

謝尚謀 PMP

顏珮帆 PMP

主編簡介

周龍鴻 博士 Dr. Roger Chou

周龍鴻，業界稱 Roger 老師，自 2005 年起創立長宏專案管理顧問公司
（PM-ABC），並擔任總經理一職。而後又於國立中山大學取得企業管理博士，主攻動態競爭理論。2023 榮獲台灣首位 Scrum Alliance 認證的 Scrum 培訓師（Certified Scrum Trainer, CST）殊榮，成為 Scrum Alliance 在台灣的國際 Scrum 大使。

自 2014 年 7 月起，Roger 老師與另一位加拿大籍 Bill Li, CST 一起在台灣培訓了超過 50％（1,000 人）的 CSM。2015 年他獲得英國倫敦 YOH 所頒發的「敏捷最佳推手獎」（https://bwnews.pr/3kV9Ku8）。2019 年起，創辦台灣最大敏捷社群「台灣敏捷部落」，旗下共有 21 個活躍的子社群，人數約 2 萬人。

Roger 老師對 Scrum 的願景跳脫 IT 行業，致力於台灣非 IT 產業中推廣敏捷。他設定了一個宏偉的目標，希望在十年內幫助 100 家企業採用 Scrum。輝瑞、理光、日產、WNC、GSS 和 FECT 等知名企業都專注於他的引導將 Scrum 應用於非 IT 領域。

於 2020 年起，Roger 老師陸續帶領團隊完成以下敏捷經典著作的繁中版翻譯專案：

- Scrum 敏捷產品管理（2021 年 2 月出版），作者為 Roman Pichler。

- Mike Chon 的使用者故事（2021 年 7 月出版），作者為 Mike Cohn。

- 教練敏捷團隊（2022 年 5 月出版），作者為 Lyssa Adkins。

- Agile Retrospectives 中文版（2022 年 8 月出版），作者為 Esther Derby 及 Diana Larsen

- Scrum Mastery 中文版（2023 年 8 月出版），作者為 Geoff Watts。

- 喪屍 Scrum 生存指南（2024 第一季出版），作者為 Christiaan Verwijs、Johannes Schartau 及 Barry Overeem。

Roger 老師將培育專案管理人才列為此生志業，如同一直以來的自我期許：「有願就有力，願有多大，力就有多大。」他在專案管理領域已投入第一個十年，往後的第二個十年，他期望可以培育專案從業人員同時擁有敏捷思維，以提升台灣國際競爭力。

Roger iPad 自畫素描

周龍鴻推薦序

如何讓僵化的 Scrum 回復正常運作

在充滿變化的數位世界裡，這本書在國外社群具有高知名度，因為 Scrum 普遍在許多國家及地區都發生僵化的情形，它的存在似乎在等待著被發現。這本書不同於我過去翻譯的那些，它不僅談論如何成功實施 Scrum，而且深入探討了當 Scrum 遭遇困難時，我們應該如何進行修復。

在台灣，Scrum 是最被廣泛採用的敏捷架構，但很多人在使用過程中卻陷入了困境，不知如何是好。這本書揭露了 Scrum 失敗的四大特徵，並提供了對應的改進方法。就像解決問題的關鍵在於首先識別出它們一樣。

書中的第一個特徵描述了一個 Scrum 團隊如何與利害關係人溝通不足，導致他們的產品與實際需求脫節，好比一艘失去方向的船。

第二個特徵談到了團隊無法迅速交付產品的問題，這就像一個永無止境的循環，不斷積累卻無法產出實際成果。例如 Amazon 賣家熟知的 SAAS 平台，花了 1 年時間開發新的客服功能 Ticket，卻只有 10 個客戶使用。

第三個特徵涉及團隊在持續改進上的困難。他們的回顧會議變成了走過場的形式，無法真正解決問題，回顧會議沒有辦法真正解決問題，導致流於形式，或者回顧會議的方式一直不變，而讓參與者感到枯燥乏味。

第四個特徵則是團隊的自組織能力受到管理層的干擾，削弱了他們的創造力與自主性，就像鳥兒被剪去了翅膀。

書中不僅指出問題，還為每個問題提供了約 10 個可能的解決方案，鼓勵讀者嘗試和定制。這本書就像一盞指引迷途者方向的燈塔，照亮了解決 Scrum 問題的道路。

最後，這不僅僅是一本書的故事，而是關於探索、學習和成長的旅程。每個挑戰都是一個轉化的機會，每次失敗都是學習的起點。讓我們在 Scrum 的世界中繼續探索，尋找那片「柳暗花明又一村」。

林汶因推薦序

為什麼大家都需要《喪屍 Scrum 生存指南》？

相信許多人開始接觸 Scrum 時會先上網搜尋，然後瞬間就會發現竟然可以找到超過 230,000,000 筆結果，也立即會知道 Scrum 最初起源於軟體開發產業，而後才發展成適用於各項產業的敏捷開發框架。既然 Scrum 已經是許多人耳聞或親身使用過的框架，為什麼我還會與將近 60 位專精於不同領域的志工投入大量心力共同翻譯《喪屍 Scrum 生存指南》？

先前翻閱本書原文版時，我立即被它的案例，如：「團隊一開始非常積極主動，後來卻陷入自滿或敷衍了事」、「每日 Scrum 會議都只是為了向 Scrum Master 彙報專案狀態」、「利害關係人很少參加 Sprint 審查會議」、「Sprint 回顧會議越來越乏味」，以及「團隊好像一直滯留在原地，無法持續改善」等職場現象深深吸引，並讓我驚覺到一定要好好拜讀這本書，並將它分享給更多的華語讀者。

本書是由 Christiaan、Johannes 及 Barry 共同創作，他們期許讀者可以透過 Scrum 與活化結構（Liberating Structures）來激發組織與團隊的超能力。本書不只清楚說明 Scrum 的效益與活化結構的運用，還提供免費的團隊診斷工具，讓讀者可以快速了解團隊是否掉進「喪屍 Scrum」的沼澤中而不自覺。當團隊症狀被診斷出來時，就可以依照本書提供的實驗步驟，逐步帶領團隊邁向更好的未來。此外，本書還提供了對抗「喪屍 Scrum」的急救箱，讓讀者可以輕而易舉地運用各項實驗來了解利害關係人的需求、建立透明度、提升快速交付的能力、持續改善，以及培養自組織團隊。

無論你從事哪種工作，如果想成功引領團隊或組織往更好的未來發展，那麼這本書絕對是你的首選。

林汶因 CSP-PO、CSP-SM、PMI-ACP

敏捷實務指南 副總編輯

專案管理知識體系指南（PMBOK Guide）第六版 & 第七版 副總編輯

張志維推薦序

在剛導入敏捷運作的初期，團隊充滿了熱情，也在積極學習。慢慢的，幾個月甚至一年過去了，團隊是否仍然對敏捷抱持著熱情？或是已經將敏捷當成生活的一部分？或是一種新的生活形態？

由於敏捷是迭代性的工作方式，週而復始的工作方式，能產生穩定的工作節奏，但也很可能形成慣性，如果不經常提醒敏捷的目的與初衷，很容易變成只有敏捷的形式，卻不具備敏捷的精神。一切行禮如儀，卻無敏捷的內涵，就稱之為「僵化」的敏捷。

《喪屍 Scrum 生存指南》是一本關於如何開始讓「僵化」的敏捷復原的實用策略。要診斷敏捷團隊是否已經出現「僵化」或「偏離」的現象，可以透過敏捷團隊與利害關係人，一起依照書中的敏捷成熟度的六大指標，定期來評估敏捷團隊是否仍在正軌上。

全書的內容與實驗分為五個部分，每個部分都專注於喪屍 Scrum 可能呈現的形式，從來自於作者個人經歷的案例開始，然後呈現研究結果，並說明喪屍 Scrum 常見的症狀。在介紹完症狀與原因之後，書中提供各種解決問

題的實驗（作法），讓你可以立即開始復原。雖然這些實驗不太可能馬上治癒喪屍 Scrum，但可以改善你目前所處的情況。

敏捷強調的穩定步調難免會讓敏捷團隊形成一定的慣性，或固化的行為模式。所以敏捷團隊除了要符合 Scrum 指南的規範，來推動敏捷，也應該定期自省是否出現了《喪屍 Scrum 生存指南》書中所描述的僵化現象，以確保團隊仍然在敏捷的道路上。

這本書不只是提出推動敏捷後可能出現的問題，同時提出具體可行的解決方案。本書的作者同時也是另一本團隊引導技巧書籍的作者，書中所提出的問題，作者都引用團隊引導技巧書中的步驟，詳細地加以說明。為了方便讀者做深入的研究，書中所有引用到團隊引導技巧這本書的名詞，我們盡可能與台灣的版本翻譯方式一致，讓讀者在不同書籍間可以相互查照。

這本書非常適合已經開始推動敏捷的公司，來持續診斷敏捷的健康程度，並運用書中的工具著手解決問題，避免落入僵化的敏捷。對於還未開始或剛開始推動敏捷的公司，書中的例子能讓你提前避開未來可能出現的錯誤。正所謂預防重於治療，問題發生之後再來改善總是令人不快的，能事先預防偏差的敏捷作法才是運用本書的最高目標。

在翻譯的過程中，我們採用敏捷的作法來進行，將近 60 個人以一週為一個 Sprint（一個工作區間），把原文書切成數個小段落，逐週地加以翻譯與驗收，最後整合成一本書。這種透過團隊的智慧，來翻譯敏捷書籍的方式，已經進行過很多次，但這次是品質到達最高峰的一次。一方面運作上我們更加熟練，另一方面要感謝所有翻譯組員，大家都遵守著共同的翻譯規則；還要感謝 QA 團隊的成員，鉅細靡遺的整合所有的翻譯智慧；還有由學者及專家組合而成的審查委員，在品質把控與文句的斟酌上貢獻智慧。

有人可能會覺得原文書給 AI 翻譯就好了，何必用人力？其實目前運用 AI 翻譯存在兩個主要問題，第一個是翻譯的語法偏向中國大陸的語法，而非

台灣的語法。畢竟中國大陸赴美國的留學生比台灣的留學生多很多，美國這些 AI 或 IT 公司所聘用的華語專家自然多數會來自中國大陸，翻譯出來的結果也會偏向大陸的語法，無法直接套用在台灣市場。第二個問題是品質，AI 翻譯出來的品質偏離原意的機會還是很多，尤其是敏捷的專有名詞，會偏差更多，專業書籍的翻譯暫時很難仰賴 AI 來取代人力。

但 AI 仍有其價值，我們這本書充分地運用 AI 科技來加以協助，畢竟一個英文單字可能有多個中文的翻譯方式，一個英文句子也可能存在更為簡潔精煉的版本。透過 AI 翻譯可以提供我們更多選項，讓翻譯出來的品質更好。

這本書是集體智慧，所有參與的志工都沒有報酬，我們利用自己的休息時間來翻譯，希望能將全世界頂尖的敏捷書籍帶給大家，也希望我們的努力能為大家帶來更好的敏捷體驗。

張志維，CSP-SM、CAL、CSPO

產官學界人士一致強力推薦

丁瑋明（Paul Ding）
果核數位股份有限公司 總經理

林欣怡（Carol SL）
國立臺中教育大學 管理學院院長

林昭陽（Ivan Lin）
中華電信總公司 總經理

林裕丞　黑手阿一（Yves Lin）
氣機科技 共同創辦人

施志賢（Chih-Hsien Shih）
協磁公司 董事長

洪偉淦（Bob Hung）
趨勢科技 台灣暨香港區總經理

胡瑞柔（Flora Hu）

叡揚資訊雲端及巨資事業群 總經理

高治中（Erik）

巨鷗跨界創新集團 總經理 / PMI 國際專案管理學會 台灣分會理事長

張立業（Daniel Chang）

台達能源股份有限公司 總經理

張集琮（Michael Chang）

捷虹資訊股份有限公司 董事長

郭莉穎（Tina Kuo）

達葳建設股份有限公司 董事長

陳威棋（Ike Chen）

勤業眾信風險管理諮詢股份有限公司 資深執行副總

陳欽章（Casper Chen）

台灣牙易通股份有限公司 創辦人暨執行長

陳麗琇（Elly Chen）

台灣最大線上敏捷社群 台灣敏捷部落（TAT）社長

游文人（Donald Yu）

巨大集團 集團策略長

黃敬強（John Huang）

瑞嘉科技 總經理

魏碧芬（Vicky Wei）

欣亞數位股份有限公司 董事長

Dave West 推薦序

Scrum 是分析師與媒體都公認運用最廣泛的敏捷框架，每天可能有數百萬人使用它。要證明它的影響力，你只要穿著印有 Scrum 字樣的 T 恤在機場走動，就會有人停下來詢問你跟 Scrum 有關的問題，並詢問你是否能幫他們做這個、做那個。但是許多使用 Scrum 的人並沒有充分發揮它的價值。正如 Christiaan、Johannes 及 Barry 所描述的，他們就像喪屍一樣，毫無意識地使用 Scrum 工件、事件及角色，卻無法真正從中獲益。

不過，還是有希望的！只要專注與堅持，喪屍 Scrum 還是可以治癒的。Christiaan、Johannes 與 Barry 撰寫的這本出色的生存指南，可以協助團隊與組織改善他們使用 Scrum 的方式，以獲得更好的成果。這本書為（The Professional Scrum Series）系列書籍提供了更好的補充，這個系列的所有書籍都致力於幫助 Scrum 團隊提升自己在複雜、不時充斥著混亂的世界中交付價值的能力。

喪屍 Scrum 的對立面，專業 Scrum，它是由兩個元素組成。第一個是Scrum，也就是《Scrum 指南》中描述的框架，同時也是該框架的基礎。

這些基礎包含經驗流程、授權、自管理的團隊，以及專注於持續改善。圍繞在框架與該理念周圍的還有四個額外元素：

- **紀律（Discipline）**：要有效地使用 Scrum，就必須遵守紀律。只有付出才能獲得學習成果；你必須要掌握 Scrum 的機制；挑戰自己在技能、角色及問題理解方面的既有觀念；以透明又有結構的方式進行工作。紀律是苦澀的，有時候可能會覺得不公平，因為問題會不斷出現在你的工作中，讓你的努力看起來只是徒勞無功。

- **行為（Behavior）**：因應 Scrum 成功所需的支持性文化，Scrum 價值觀在 2016 年被引入《Scrum 指南》。Scrum 價值觀描述五個鼓勵敏捷文化的簡單理念。勇氣（courage）、專注（focus）、承諾（commitment）、尊重（respect）及開放（openness）描述了 Scrum 團隊與他們所在的組織應有的行為。

- **價值（Value）**：Scrum 團隊致力於解決問題，並為利害關係人帶來價值。團隊為客戶工作，客戶會為他們的工作給予回報。但這種關係很複雜，因為問題本身很複雜；客戶可能不知道他們想要什麼，或者不清楚解決方案的經濟可行性，又或是解決方案的品質和與安全性也可能不明確。專業 Scrum 團隊的職責是在各種限制下盡力提供最符合客戶需求的解決方案。這需要透明性、尊重彼此與客戶，以及發掘真相的健康好奇心。

- **活躍的社群成員（Active Community Membership）**：Scrum 是一種團隊規模較小的團隊運動。這意味著當團隊需要解決的問題超出他們的技能與經驗範疇時，就會處於劣勢。要想成為有效的專業 Scrum 團隊，就必須與社群的其他成員合作，學習新技能並分享經驗。幫助提升社群的敏捷性不完全是無私的，因為協助者通常也能從中獲得寶貴的經驗，然後將這些經驗帶回自己的團隊。專業 Scrum 鼓勵人們建立專業人際網路，幫助團隊交換想法與經驗。

專業 Scrum 與喪屍 Scrum 是兩個戰鬥永無休止的死敵。一旦你稍微放鬆警惕，喪屍 Scrum 就會捲土重來。在本書中，Christiaan、Johannes 及 Barry 提供了許多如何保持警惕的提示，讓你辨認是否已經變成喪屍，以及如何預防這種情況發生的實用技巧。他們的內容幽默且非常直觀，是任何一位喪屍 Scrum 獵人都必備的一本書。

祝你順利戰勝喪屍 Scrum ！

——Dave West
Scrum.org 執行長

Henri Lipmanowicz 推薦序

Scrum 是一個出色的框架，但凡事總有一個「but」。使用框架的人與從業人員就跟每個人一樣，不完美、多樣化及無法預測。他們會展示自己原本的個性：沉默或健談、猶豫不決或喜歡插話、魯莽或謹慎、遵循步驟或富有創意、專橫或膽怯。所有的人，包括 Scrum Master 在內，都會保持他們在團隊中工作的習慣。換句話說，所有可能導致一般會議功能失調的人員因素都會在 Scrum 事件中出現。這就是為什麼 Scrum 從業人員必須做好準備，以合適的技術來強化框架，這樣無論參與者的個性如何，都能確保每個事件充分發揮潛力。簡而言之，每一個 Scrum 事件都必須有足夠好的引導，才能富有成效、引人入勝、有所收穫，以及令人愉悅。

活化結構是強化 Scrum 的理想方法，因為它們與 Scrum 互補。首先，它們易於使用、靈活、高效、有效。其次，也是最重要的一點，活化結構能確保每位參與者都積極參與及貢獻。這使得 Scrum 事件既有成效，又能讓每個人都有收穫。

當 Scrum 團隊學會如何使用活化結構時，就等於獲得了一些在工作中或工作外，各種情況下都普遍有用的工具。例如，簡單的「1-2-4- 全體」或「即興人際交流」可以讓小組在 Sprint 審查會議、Sprint 規劃會議或 Sprint 回顧會議中進行更深入的思考。「最小規格」或「生態循環規劃」可以幫助 Product Owner 與利害關係人一起排序產品待辦清單。而「對話咖啡館」、「三巨頭結構」和「集思智慧」等結構則可以用來處理複雜的挑戰與問題，並建立信任。在本書中，你會看到許多 Scrum 團隊使用活化結構來克服喪屍 Scrum 的範例。

Barry、Christiaan 及 Johannes 在這本非常實用的書中表現得非常出色，書中累積了他們豐富的成功經驗，並分享了激勵人心的故事。他們毫不掩飾地陳述事實，這就是為什麼他們的建議總是很有用，因為這些建議都是來自於真實案例。

——Henri Lipmanowicz
活化結構共同創始人

致謝

雖然本書封面僅列出了三位作者，但實際上這是由一個更龐大的團隊完成的。我們首先要感謝 Scrum.org 的 Dave West、Kurt Bittner 及 Sabrina Love 對於這本講述喪屍 Scrum 的書籍所提供的支持、鼓勵及信任。我們特別要向 Kurt Bittner 鞠躬致謝，感謝他對我們初稿的冗長章節進行反覆審查。他就像 Product Owner 一樣，幫助我們專注在最重要的事情，並對其餘比較不重要的事情說「不」（即使這會讓人感到痛苦）。

我們還要感謝 Pearson 團隊的 Haze Humbert、Tracy Brown、Sheri Replin、Menka Mehta、Christopher Keane、Vaishnavi Venkatesan，以及 Julie Nahil 等人所付出的時間與精力。感謝他們信任我們以增量的方式進行撰寫、審查及編輯等工作，而不是用出版社慣用的傳統方式進行。以及一群 Scrum Master，他們協助我們進行全書審查並給予回饋與支援，值得我們深深鞠躬致謝：Ton Sweep、Thomas Vitzky、Saskia Vermeer-Ooms、Tom Suter、Christian Hofstetter、Chris Davies、Graeme Robinson、Tábata P. Renteria、Sjors de Valk、Carsten Grønbjerg Lützen、Yury Zaryaninov，以及 Simon Flossman。因為有你們，這本書才能更好。

特別要介紹一位讓這本書更加生動的人，Thea Schukken。她創作了這本書中所有美麗、聰明及有趣的插圖，並添加了必要的視覺觀點。另外，當我們在部落格發布一些小趣聞時，社群中的所有審查者都為我們提供了回饋與建議。

我們的工作與思維是建立在巨人的肩膀上。首先要提到 Scrum 框架的創始人，Ken Schwaber 與 Jeff Sutherland，他們的貢獻改變了我們及許多其他人的生活。同時還有蒐集並發明活化結構的 Keith McCandless 及 Henri Lipmanowicz，讓團體中的每個人都能得到釋放與包容。另外還有塑造與指導我們的 Gunther Verheyen、Gareth Morgan、Thomas Friedman，以及許多 Scrum.org 的專業 Scrum 培訓師及管理者們。

我們所依靠的另一個肩膀就是我們的合作夥伴，Gerdien、Fiona、Lisanne，以及我們的家人們。當我們必須在晚上回到家中辦公室繼續撰寫這本書時，他們一直支持著我們。

但最重要的是感謝那些持續努力交付價值給利害關係人的 Scrum Master、Product Owner 及開發團隊——特別是那些在嚴重的喪屍 Scrum 環境下仍然堅持努力的人。我們誠摯感謝你們的堅持。這本書就是為了你們而存在。

請在 InformIT 網站上註冊你的《喪屍 Scrum 生存指南》書籍，以便當本書需要更新與更正內容時方便查閱。開始進入註冊流程時，請先前往 informit.com/register 網站進行登入或建立帳號。輸入產品 ISBN（9780136523260）後並點擊提交。在「已註冊產品」選項中，尋找該產品旁邊的取得額外內容（Access Bonus Content）連結，並按照該連結取得可用的額外資料。如果你希望收到有關版本更新與獨家優惠的通知，也請勾選方框以接收我們的電子郵件。

作者群簡介

Christiaan Verwijs 是 The Liberators 的創始人之一，他與 Barry Overeem 共同創立 The Liberators。The Liberators 的使命是透過 Scrum 與活化結構來釋放組織的超能力。塵封已久的抽屜中甚至可以看到他擁有組織心理學與商業資訊技術的學位。他在擔任開發人員、Scrum Master、培訓師，以及 Scrum.org 管理者等角色上，擁有超過 20 年的實戰經驗，服務的對象涵蓋各種大小型組織。在這些年裡，他看到了許多團隊淪為嚴重的喪屍 Scrum，之後走上復原旅途的例子。Christiaan 喜歡寫作（文章與程式碼）、閱讀及玩遊戲。他還對樂高有著異於常人的迷戀，而且盡可能地將它們塞滿他的居家工作室。你可以在 medium.com/the-liberators 上追蹤他的網路文章。

Johannes Schartau 是敏捷產品開發與組織改善的顧問、培訓師及教練。2010 年首次接觸 Scrum 時，他將他的興趣：民族學（尤其是亞馬遜的薩滿教）、心理學、科技、整體思維、複雜性科學及喜劇表演等融合在一起。從那時起，他便致力於與在組織內工作的人一起從各種可能的角度探索組織。他的使命是透過在全球推廣健康的敏捷與活化結構，將生活與意義帶回工作場所。除了工作，他對鑄鐵（無論是在健身房還是廚房裡）、綜合格鬥及幽默等都充滿熱情。對於身為擁有兩個頑皮男孩的父親與丈夫感到自豪，這讓他的生活充滿了意義與美好。

Barry Overeem 是 The Liberators 的另一位創始人。Barry 的使命與 The Liberators 的使命一致，他採用 Scrum 與活化結構激發組織，讓他們從過時的工作與學習模式中解放出來。儘管成為新聞記者與教師是他原先的計畫，但最後他得到了企業管理學位。在他 20 多年職業生涯的上半部分，他一直擔任應用程式經理與 IT 專案經理。2010 年，他在軟體開發環境的工作開始了第一次的 Scrum 實驗。在過去的 10 年裡，Barry 與各式各樣的團隊及組織合作過。有些團隊會陷入喪屍 Scrum 困境中，而有些團隊則成功復原。2015 年，他加入 Scrum.org 擔任培訓師，並與 Christiaan 一起開發 Professional Scrum Master II 課程。在他不需要與喪屍 Scrum 對抗的時間裡，他喜歡閱讀、寫作、長途步行，以及花時間陪伴他的孩子：Melandri、Guinessa 及 Fayenne。

插畫家簡介

Thea Schukken 是 Beeld in Werking 公司的創辦人。身為一名視覺引導者，她將複雜的資訊轉化為簡單迷人的插圖、動畫及資訊圖表。她將自己的繪畫技能與超過 25 年的 IT 與管理實務經驗結合。Thea 在這本書中，將我們的故事轉化成簡潔有力的視覺元素，充分強調出如何辨認並從喪屍 Scrum 中復原的訊息。

Thea Schukken 是 Beeld in Werking 的創始人，為《喪屍 Scrum 生存指南》創作超過 50 幅插圖

目錄

Chapter 8　實驗　　127

第四部分　持續改善 159

踏上征途

「這裡僅剩我們與喪屍。我們只有團結一心,不單獨奮戰,才能生存下去。」

——Rick Grimes,
AMC 電視頻道 《陰屍路》

在本章中,你將會:

- 開始意識到團隊在使用 Scrum 時可能出現的問題。

- 探索本書的目的。

- 找出誰最適合這本書。

恭喜你加入喪屍 Scrum 對抗軍行列！你的會員資格享有各種津貼與福利。你手上的書是每位新會員都有的《喪屍 Scrum 生存指南》。這本指南集結了我們的親身經驗，它將提供你持續對抗喪屍 Scrum 所需要的一切。

你可能是因為團隊或組織在使用 Scrum 時感到有些不對勁而拿起這本書，也可能是因為今天早上不經意地走進辦公室時，發現有許多喪屍正盯著你（圖 1.1）。無論是哪一種情況，我們希望你可以在陷入艱難困境時閱讀本指南。也許你正躲在雜物間裡、埋在一堆 Sprint 目標的範本底下，或者躲在寫著上個月回顧會議結論的活頁掛紙後方。雖然暫時不會有人發現你，但我們知道時間對你而言非常寶貴。因此，我們就不拐彎抹角，直接進入正題。

圖 1.1　又是一個平凡的上班日？

你是否意識到這個情況？

你擔任 Power Rangers 團隊的 Scrum Master 已經一年了。當你開始運用 Scrum 時，一切似乎都很順利。你喜歡打造小型、增量式版本產品的想法，團隊似乎也喜歡這個作法。一切都很合理。

但這個作法的某些地方出了問題，儘管你不清楚問題在哪，你可以確定的是這個作法已不再奏效。舉例來說，思考一下 Scrum 事件是如何進行的。每日 Scrum 會議總是過於冗長，成員總是不斷談論他們進行的事情，而且每個人都忙著處理自己的事，沒有人關注會議。Sprint 回顧會議允諾「持續改善」，但問題從未真正獲得解決，每次都只帶來一些小改善（像是「修復路由器」、「更好的咖啡」及「我不喜歡 Timmy」）。

起初這讓你感到驚訝——你本以為成員可以掌握團隊一直以來的模式。但現在你已經接受了在這無聊又充滿異味的會議室中，除了那些最終留在你抽屜中的便利貼會提醒你未來要做些什麼事之外，並不會有任何收穫。

更別說是 Sprint 審查會議，那是 Sprint 結束前的尷尬時刻，基本上就是傳達「我們快完成了」的訊息。但只有開發團隊（有時會有 Product Owner）出席，這表示此會議並不重要。總會有另一個 Sprint 可以完成工作。甚至連 Product Owner 也不關心此事。

歡迎來到「喪屍 Scrum」的世界，這是個令人心碎的情況，人們只是照本宣科模仿真正的 Scrum，但卻毫無生氣與參與感。隨著時間，你已經學會接受這似乎就是 Scrum 對組織的意義。如果沒有人在意它，你為何要在意呢？但你仍然有種揮之不去的感覺，覺得事情可以更好。然後，你就找到了這本書了。

究竟有多糟？

透過 survey.zombiescrum.org 的線上症狀檢測工具，我們持續監控喪屍 Scrum 的擴散與流行情況。截至撰寫本書時，已參與檢測的 Scrum 團隊狀況如下：*

- 77% 的團隊未能積極與客戶協作，而且對客戶的需求也缺乏明確的看法。

- 69% 的團隊並不在具有共同目標的自組織環境中工作。

- 67% 的團隊無法在每個 Sprint 都交付可運作的高品質軟體。

- 62% 的團隊沒有在可讓他們持續改善的環境中工作。

- 42% 的團隊認為 Scrum 對他們而言成效不佳。

---

* 這些百分比是在10分為滿分的評分制度下，獲得6分或更低分數的團隊。每個主題以10～30個問題進行衡量。這項結果來自2019年6月至2020年5月期間參與 survey. zombiescrum.org 自我報告研究的1,764個團隊。

本書的目的

坊間已有許多絕對值得你閱讀的優質 Scrum 書籍。那麼，這本書為什麼值得你一讀呢？在與 Scrum 團隊合作期間，我們觀察到一個明顯的模式：大多數團隊在一開始都充滿熱情，過了一段時間後卻安於現狀、敷衍了事。奇怪的是，團隊中很少有人談論這點，或是願意公開承認此模式不適用於他們。因此，我們決定測試一下我們的假設，捕捉一些喪屍（請參閱圖 1.2），並蒐集資料，看看這只是我們自己的問題，還是這實際上已是一種普遍情況？事實證明，問題比我們想像的還要嚴重。

圖 1.2　幸好，捕捉喪屍並與他們交談並不困難

《喪屍 Scrum 生存指南》是一本關於如何開始讓喪屍 Scrum 復原的實用策略。撰寫本書時，我們謹記以下三個原則：

- 我們不認為管理層會支持，也不認為所有團隊成員對改變都充滿熱情，更不認為整個組織都會參與其中。相反地，根據我們的研究顯示，大多數 Scrum 團隊發現他們自己已經陷入一種連進行細微改變都很困難的環境中。

- 我們想幫助你從本質上了解為什麼會出現喪屍 Scrum，同時提供實用的工具，讓你可以開始改善。

- 我們想幫助你在組織內外建立社群，以協助你開始解決所面臨的嚴峻挑戰。

你需要這本書嗎？

本書適合使用了 Scrum 之後又認為它沒什麼用的人。你可能是 Scrum 團隊的一份子或是與他們密切合作的人，又或者是你的工作方式具備所有 Scrum 特徵，但在你的工作環境中，它不是被稱為「Scrum」。

或許你可以輕易地指出哪些地方出了問題，或者只是覺得哪裡不對勁，Scrum 並未達到你期望的效果。這無關乎你是 Scrum Master、Product Owner、開發團隊成員、敏捷教練或是管理層的某人。

無論你是哪種角色或是從事哪種工作，只要你意識到表 1.1 的檢測單中的至少一件是發生在與你合作的 Scrum 團隊中，那麼這本書就適合你。

表 1.1　喪屍 Scrum 檢核單

你意識到這些情況了嗎？	是的！
在Sprint結束時，沒有可運作的產品（working product）能讓團隊一起檢驗。	
Sprint回顧會議越來越乏味且重複。	
團隊成員在Sprint期間大多只處理自己手中的項目（item）。	
Product Owner對於產品待辦清單（product backlog）的內容與排序幾乎沒有發言權。	
產品利害關係人很少參與Sprint審查會議。	
當Sprint進行不順利時，團隊中沒有人會感到難過。	
在你的組織中，「業務」與「資訊科技」被視為兩件不相關的事情。	
你的Scrum團隊缺乏樂趣與熱情。	
每日Scrum會議只不過是向擔任主席的Scrum Master進行狀態更新。	
在最近一次的Sprint回顧會議中，最重要的事情是員工餐廳應提供更好的咖啡。	
管理層只專注在Scrum團隊能完成多少工作。	

檢查你的 Scrum 團隊

喪屍 Scrum 不易察覺，因此這讓它變得更加狡猾。你可以在 **survey.zombiescrum.org** 免費使用我們的喪屍 Scrum 症狀檢測工具來檢查你的團隊。

本書的架構

如果你已經被飢餓的喪屍包圍，你可能沒有時間一口氣讀完整本書。你需要立即採取行動！下一章提供的急救箱將協助你盡快行動，遠離危險。

當你克服了一開始的震驚，就可以開始深入探索此書，並找到可以協助你復原的有效策略。我們將全書的許多內容與實驗分為五個部分。每個部分專注於喪屍 Scrum 可能呈現的形式。你可以直接跳到最重要的部分，之後再閱讀其他部分：

- 第一部分：（喪屍）Scrum。我們藉由探索喪屍 Scrum 的樣貌來建立基礎。它有什麼症狀與原因？它是如何擴散的？接著，我們將協助你了解 Scrum 框架的基本目的，以及它是如何處理複雜問題與降低風險。

- 第二部分：打造利害關係人的需求。Scrum 團隊存在的目的是為利害關係人提供價值。但是，感染喪屍 Scrum 的團隊與利害關係人之間的距離甚遠，並且無法察覺他們的需求，以至於根本不知道價值指的是什麼。

- 第三部分：快速交付。快速交付能夠讓 Scrum 團隊了解利害關係人的需求，並降低打造錯誤產品的風險。在有喪屍 Scrum 的組織中，快速交付非常具有挑戰性，以至於團隊根本無法學習。

- 第四部分：持續改善。當 Scrum 團隊嘗試打造客戶需要的產品，並開始加快交付速度時，就會出現許多嚴峻的障礙。團隊只有在解決這些障

礙之後，即使是一步一步解決，也能實現持續改善。這種持續改善的情況很少出現在喪屍 Scrum 中，所以團隊仍然只能停滯在原點。

- **第五部分：自組織。** 當 Scrum 團隊擁有自主權並且可以自己決定工作方式時，他們會更容易持續改善，並克服所有阻礙他們的嚴峻障礙。不幸的是，感染喪屍 Scrum 的組織在某種程度上限制了團隊自管理的能力，以至於每個人都動彈不得。

每個部分的結構大致一樣，我們會從分享我們個人經驗的案例作為開始。你可能會認出案例的一部分或所有情況。這可能會是一個痛苦的認知過程，但我們希望你為最壞的情況做好準備。

讀完案例之後，我們將呈現研究結果，並針對你所讀到的部分說明喪屍 Scrum 最常見的症狀。你將可以依據我們的研究，學到如何在這個領域有效地發現喪屍 Scrum，並辨識導致此問題的可能原因。這很重要，因為這可以幫助你了解喪屍 Scrum 的表現方式，並且更容易向人們解釋緣由，並且讓其他人參與我們的任務。

在介紹完症狀與原因的研究之後，我們將提供各種實驗，讓你可以立即開始復原。所有實驗都是基於第一手的真實經驗。有些是簡單而直覺的，有些則需要較多付出和心力，但保證都能獲得成效。雖然這些實驗不太可能馬上治癒喪屍 Scrum，但可以改善你目前所處的情況。大部分的實驗都可以輕易調整成適用於遠端團隊的線上實驗，而其他則需要發揮更多創意。請參閱 **zombiescrum.org** 獲取更多資訊及實驗資料。

最後一章將幫助你開始邁向**復原之路**。不管情況多麼嚴重，永遠都有希望。喪屍 Scrum 的每一種感染都可以得到治療並痊癒。

刻不容緩：出發吧！

我們一起經歷這場噩夢，是時候做出許多年前就該採取的行動了。我們因為喪屍 Scrum 而流失人員的速度，遠超過我們招募人員加入「喪屍 Scrum 對抗軍」的速度（圖 1.3）。

圖 **1.3**　加入喪屍 Scrum 對抗軍

這本生存指南提供一系列有價值的實驗，可讓你用來對抗喪屍 Scrum。我們不會浪費時間解釋喪屍 Scrum 如何擴散到全球的所有細節。相反地，我們希望你隨時準備好對抗它，並立即在你的團隊中進行改善。

「新兵，永遠記住：你的智慧是最鋒利的武器！當你尋求他人的幫助與支持時，效果會更好。喪屍 Scrum 對抗軍就在你身邊。在這場對抗中，你並不是孤軍奮戰！」

急救箱

「無論生與死，真相都不會停息。盡你所能地捍衛吧！」

——Mira Grant，
科幻小說 《Feed》

是的，這正在發生。你在你的團隊或組織中發現了喪屍 Scrum。有了這個急救箱，你就可以找到指引你的初步應對措施，然後開始對抗喪屍 Scrum。

表 2.1　對抗喪屍 Scrum 的急救箱

	1. 承擔責任 儘管你不是始作俑者，但除非有像你這樣的人願意挺身而出，否則什麼都不會改變。不要歸咎他人或躲在他人背後。樹立負責任的行為，並檢討自己是否也在無意中促成了喪屍 Scrum 的情況。
	2. 評估情況 盡可能了解當下情況。你看到了什麼問題？這些問題是如何呈現的？有任何資料可以支持你的說法？為什麼其他人也應該關心這些問題？如果你無法回答上述問題，你將陷入孤軍奮戰。

3. 建立覺察力

讓其他人——無論是團隊內部還是外部——都能知道現在發生什麼事，因為他們可能還沒察覺到。請營造急迫感，並說明喪屍Scrum引發的問題對你的團隊與組織造成了哪些損失。

4. 尋找其他倖存者

一旦你建立了覺察力，你會發現組織中的其他人也已經開始看到問題。組建團隊，建立關係，以擴大你的影響力，並增強你們的復原能力。

5. 從小處著手

與其立即處理「大事」，不如先從可以掌控的小型、增量式的改變著手。從喪屍Scrum中復原是很複雜的工作，因此可使用較短的回饋循環，以快速適應情況的變化。

6. 保持正向

抱怨、憤世嫉俗和諷刺對任何人都沒有幫助，甚至可能讓團隊更加陷入喪屍Scrum中。相反地，強調哪些地方做得好、哪些地方正在改善，以及當彼此合作時可以實現什麼目標。利用幽默感來緩和氣氛，但不要掩蓋事實。

7. 慶祝

你不會一夕之間就從喪屍Scrum中復原。你可能需要一段時間才會開始注意到改善之處。這是完全可以接受的。無論改善之處多麼微小，一旦成功，就一起慶祝，當作彌補你同時要承受的挫折。

8. 尋求幫助

尋求組織外的幫助。加入或發起區域性的Scrum聚會。聯繫那些啟發你的Scrum Master，或者與面臨類似挑戰的人一起參加工作坊或課程。

請前往 **zombiescrum.org/firstaidkit** 下載「Zombie Scrum 急救箱」的其他素材。裡面包含一些本書實驗所需的有用材料及其他的實用練習。你也可以在此網站訂購實體書籍（註：購買繁體中文的讀者，請前往博碩官網 https://www.drmaster.com.tw/bookinfo.asp?BookID=MP12305 下載素材，輸入密碼：12305，即可成功打開素材）。

第一部分
（喪屍）Scrum

喪屍 Scrum 3 入門指引

「喪屍無法理解我們為何浪費心思在食物以外的事物上。」

——Patton Oswalt，
《Zombie Spaceship Wasteland》

在本章中，你將會：

- 了解喪屍 Scrum 的症狀與原因。

- 使用我們的喪屍 Scrum 檢測工具來診斷你的團隊。

- 發現從喪屍 Scrum 中復原過來是有可能的，因而鬆了一口氣。

「好了，新兵。我們相信在急救箱的幫助下，你已經讓自己處於一個還算安全的環境中。深呼吸一下，你現在被喪屍襲擊的機率已經略低於 100% 了！這是相當大的進步。我們了解你迫不及待想回去尋找解藥，但現在我們需要你保持冷靜！我們必須確保你能迅速辨識出喪屍 Scrum 的感染症狀。這項知識可以拯救性命，還有小貓咪。」

真實經驗

幾年前，我們曾為一家大型金融機構提供服務。他們制定了一個看似完美的轉型計畫，那就是在一年內成立超過 50 個 Scrum 團隊。他們每週都會成立幾個新的 Scrum 團隊，這讓所有人感到熱血沸騰。「Scrum of Scrums」開始了、「Big Room Planning」安排好了，以及「Release Train」也規劃好了。這個轉型計畫在該年年底完成，並舉辦了盛大的派對。敏捷轉型成功！

然而，他們只以成員忙碌的程度作為衡量「成功」的唯一指標，例如：每個 Sprint 完成的故事點（story point）數量，以及 Sprint 待辦清單中的所有項目是否都已完成。他們積極使用這些指標比較各個團隊，並鼓勵團隊完成更多的工作。團隊被要求只專注在團隊內可以改善的地方，而不是解決更大的組織性障礙。成員們感受到被誤導、操縱及控制。雖然指標顯示他們非常忙碌，但每個人都感覺到有些不對勁……。

在啟動敏捷轉型的兩年後，為了找出哪裡出了問題，他們開始嘗試不同類型的指標。他們不再專注於完成的工作量，而是開始追蹤那些可以更直接衡量敏捷性的指標。他們從追蹤與比較故事點，轉而衡量產品待辦清單項目內的工作從開始處理到交付所花費的時間（週期時間）、客戶對所交付事項的滿意程度（客戶滿意度）、團隊的幸福感（團隊士氣）、在開發中所投資的東西獲得了多少報酬、交付的品質（例如：總缺陷數量），以及團隊在創新上付出的時間（創新率）。

當第一批結果出爐時，所有人都感到震驚。他們的週期時間變長、客戶滿意度下降、團隊感到不開心、投資報酬率非常低，而且缺陷數量幾乎爆表。因此，再也沒有時間進行創新了。

這是怎麼一回事？他們已經實施他們認為是 Scrum 框架的部分事項了。所有的工件（artifact）、角色（role）及事件（event）都準備好了。他們甚至加入了一些額外的作法，例如：Scrum of Scrums、故事點及 Big Room Planning。為什麼沒有達到 Scrum 的預期效果？

Scrum 的現況

毫無疑問，Scrum 很受歡迎，並且已被世界各地的許多組織採用。共同將 Scrum 框架推廣至世界各地的兩個官方機構——Scrum.org 與 Scrum Alliance，它們在全球有數百名培訓師，並有超過一百萬人獲得認證。與 Scrum 相關的書籍、漫畫及文章不計其數，每個國家都有一個或多個使用者社群。你甚至可以在 YouTube 上找到關於 Scrum 的歌曲！

隨著人們對於敏捷性的承諾，Scrum 已成為許多組織首選的敏捷框架。事實上，許多組織與團隊正在嘗試 Scrum，這絕對值得慶賀。另一方面，雖然很多人認為自己在進行 Scrum，但他們仍然只觸及一些皮毛。就像上述組織所描述的案例，大多數人都陷入痛苦的平庸中，努力尋求出路。

組織與團隊通常認為，當每個人都獲得認證，當角色、事件及工件都已準備妥當，而且還有一支酬勞豐厚的（外部）教練與培訓師軍團能支援組織實施 Scrum 時，他們就是在進行 Scrum（請參閱圖 3.1）。當人們花很少的時間來真正理解 Scrum 的目的與背後原則及價值時，誰能責怪他們採用這種「清單式 Scrum」呢？

圖 3.1 敏捷轉型過程

在每個 Sprint 結束時，若缺乏可用且有價值的增量（increment）——也就是說，當產品沒有新版本可以發布給利害關係人時，Scrum 框架所帶來的改變終究只會是表面的。遺憾的是，工作的安排方式往往使 Scrum 團隊很難在每個 Sprint 結束時發布產品，我們也將在本書中探討其原因。因此，Scrum 團隊不去解決這些更深層的問題，反而選擇放棄，並承認「Scrum 在這裡行不通」。更糟糕的是，Scrum 框架因為揭露組織針對利害關係人的價值與回應缺乏（更多）關注而受到指責。

就像為了飲食健康而在原本的漢堡與啤酒中加入沙拉一樣，這並不會帶來多大幫助，在一個原本就損壞的體制中加入好點子也不會帶來奇蹟般的改善。相反地，要開始改變阻礙前進的體制，紀律、勇氣及決心才是我們需要的。但是這種理應做出的改變幾乎不常發生。

這種膚淺的 Scrum 很容易演變成我們所說的喪屍 Scrum。本書中就有非常多的喪屍 Scrum 例子（請參閱第 1 章的「究竟有多糟？」）。

喪屍 Scrum

簡單來說，喪屍 Scrum 看起來就像 Scrum，但是缺少了心跳。這就像是一隻喪屍在霧氣瀰漫的夜裡搖搖晃晃向你走來。從遠處看一切似乎正常：有兩條腿、兩隻手臂和一顆頭，確認沒問題。但是當你靠近仔細觀察，你肯定會逃命，因為它很明顯有問題！

喪屍 Scrum 也是如此。Scrum 團隊依照了 Scrum 框架的流程進行工作，乍看之下，一切似乎都很正常。在 Sprint 開始時進行 Sprint 規劃會議，每 24 小時進行一次每日 Scrum 會議，並在 Sprint 結束時進行 Sprint 審查會議與 Sprint 回顧會議。甚至還有一份完成的定義（definition of done）！像這種將 Scrum 指南當成檢查清單的團隊，你可能會認為他們是在「依照 Scrum 指南進行 Scrum」。但這樣的 Scrum 無法協助團隊執行工作，反倒像是例行公事，既沒有跳動的心臟，也沒有深思熟慮的大腦。

經過多年的研究，我們發現喪屍 Scrum 會出現四個關鍵症狀：

症狀 1：喪屍 Scrum 團隊對於利害關係人的需求一無所知

不同於電影裡的喪屍攻擊人類並吞食其肉體，受到喪屍 Scrum 影響的團隊更喜歡躲避人群，並待在他們熟悉的環境中（請參閱圖 3.2）。他們對於價值鏈中的上下游都漠不關心，只躲在螢幕後，忙著設計、分析或編寫程式碼，因為這讓他們感到更安全。喪屍 Scrum 團隊將自己視為整個組織中微不足道的一小部分，無法或不願意改變任何事情來產生實質影響。令人遺憾的是，這個比喻通常相當準確。

他們的工作以及所處的體制，通常被設計成使他們遠離實際使用或為產品付費的人們。在傳統的組織中，開發人員只負責編寫程式碼，就像管理人員只負責管理，設計師只負責設計，分析師只負責分析一樣。當他們完成任務後，就將任務交給其他人，然後繼續處理下一個任務，也不會想知道前一個任務的情況。這種老舊的穀倉思維（silo-thinking）與擁有和利害

關係人一同創造有價值產品所需的技能與行為的跨職能團隊的理念背道
而馳。

這樣的結果就是，團隊產出一連串價值有問題的產品功能。這些功能可能
不是利害關係人真正需要的。或是產品功能很好，但無法真正幫助使用者
提高效率。產生出來的東西可能是產品開發中最大的浪費：沒有太多價值
的平庸產品。

圖 3.2 喪屍 Scrum 團隊就是這麼害羞

症狀 2：喪屍 Scrum 團隊無法快速交付

陷入喪屍 Scrum 的團隊很難在 Sprint 結束時交付任何有價值的東西，甚至
經常沒有可運作的增量。即使有的話，也需要耗費數個月才能發布給利害
關係人。儘管 Scrum 團隊依照 Scrum 步驟進行，卻幾乎很少進行檢驗與
調適（請參閱圖 3.3）。

此情況在 Sprint 審查會議中最為明顯。利害關係人沒有機會使用鍵盤與滑
鼠來操作產品與確認團隊所打造的成果。取而代之的是，團隊打開投影機
進行花俏的簡報，展示螢幕截圖，或單純討論 Sprint 待辦清單上的內容。
如果產品必須進行檢驗，要麼是非常技術層面的檢查，要麼就是附上諸如
「我們下一個 Sprint 必須完成這個」或「喔，那個還不能用」等意見。另

一個較不明顯的指標是 Sprint 審查會議期間缺乏互動，沒有人表達意見、提出建議或討論新想法。利害關係人也很少出席。但 Product Owner 似乎對這一切感到滿意。Sprint 審查會議大多是在規格文件的方框上打勾，而不是檢驗產品的新版本。這十分無聊、愚蠢且不需要花費太多心力。但是似乎沒有人在意。

只有當人們可以檢驗與討論具體事物時，這些決定產品價值與開發方向的關鍵對話才有可能發生。一個可以讓利害關係人實際與之互動的潛在可發布的產品增量，能提供極佳的溝通機會，能回答的問題也遠比一份精確文件還多。只有當人們有機會直接體驗產品而不需依賴他們對產品的想像與假設時，才會出現正確的問題與意見。

這種症狀也出現在團隊如何定義「完成」是什麼。對於陷入喪屍 Scrum 的團隊而言，當某項目可以在機器上運作、程式碼可以編譯，當我們檢視時沒有壞掉，該項目就算是完成了。其它所有需要進行以交付最高品質的工作──像是測試、安全檢查、效能掃描以及部署──反正都會在別的地方進行，或者根本不會進行。

當團隊在 Sprint 結束時無法交付可用且有價值的產品增量，Scrum 就變得毫無意義。這就像你假裝自己坐在真正的汽車中，但事實上卻是坐在有著彈簧底座的遊樂場汽車。你可以隨意發出響亮且引人注目的引擎聲、炫耀你的昂貴賽車眼鏡，但它卻無法帶你到任何地方。

圖 3.3　抱歉，沒有可運作的產品。但有一個令人信以為真的簡報就可以了

症狀 3：喪屍 Scrum 團隊無法（持續）改善

就像喪屍掉了一隻手臂也不抱怨一樣，喪屍 Scrum 團隊對於 Sprint 的失敗或成功毫無反應。當其他團隊批評或慶祝時，他們的臉上也只是保持著麻木空洞的眼神，整體的團隊士氣低迷。Sprint 待辦清單的項目也自然而然被挪到下一個 Sprint。這麼做難道不行嗎？總是會有下一個 Sprint，這些迭代本來就是人規劃的！圖 3.4 描述了此情況。

由於 Sprint 待辦清單上的項目並沒有與任何特定的 Sprint 目標相連結，因此團隊可以隨心所欲地決定何時完成。團隊成員就像在產品開發的荒地中漫無目的地跋涉，沒有指引、沒有方向、無法團結，只有隨風飄過的風滾草。沒有任何情緒或改善的動力，以蝸牛般的緩慢步調走向日落。

你能責怪團隊嗎？Product Owner 在 Sprint 審查會議或 Sprint 規劃會議期間幾乎都缺席。團隊只關心完成了多少工作，而不是這些工作實際上對利害關係人產生多大用處與價值。在這種情況下，團隊並沒有時間反思他們因為這種情況失去了什麼。團隊非常不穩定，因為團隊成員不停被調動到最需要他們專業技能的地方，而且也沒有真正稱職的 Scrum Master 可以協

助團隊成長。有些瓶頸可能是真實存在的，但有些可能僅止於想像。總歸就是所有事情都沒有改善。即使一開始有任何改善想法，也很快會被喪屍Scrum系統中的殘酷現實所扼殺。於是，殘缺不全的團隊奮力掙扎，彷彿沒有未來般地悲鳴著。

圖 3.4　「沒有壞，就不要修」。即使輪胎快掉落，引擎也發出劈啪聲，你們還是會因為這些噪音而聽不見彼此的聲音

症狀 4：喪屍 Scrum 團隊無法透過自組織克服障礙

在喪屍 Scrum 環境下運作的 Scrum 團隊無法自由選擇他們需要的人來共同打造厲害的產品（請參閱圖 3.5）。他們無法選擇自己的工具，甚至無法為自己的產品做出關鍵決策。幾乎每件事都需要請求權限，而請求通常都會被否決。缺乏自主權而導致主導權的匱乏，這是可以理解的。當你沒有實際參與產品的形塑過程時，又怎麼會關心產品的成功與否呢？

然而，偶爾還是會有幸運的喪屍 Scrum 團隊。他們的管理者閱讀了一些關於「敏捷」的文章，並決定給予團隊更多的空間，因此她馬上宣布要給予團隊自主權。但問題是，團隊並不會只因為被授權去開創自己的路而轉變成自組織（self-organization）。他們必須學會如何駕馭自主權，讓他們的工作與整個組織保持一致，並同時獲得組織的支持。如果沒有獲得支持，就注定會失敗。管理者很可能會再次控制團隊，甚至比先前更加嚴厲，因為她現在有更多的證據證明「敏捷」是行不通的。

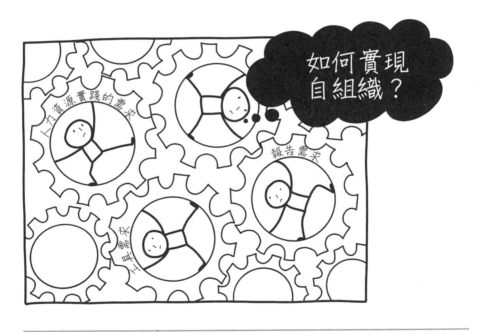

圖 3.5　每個人就像機器的齒輪一樣，因此形成一台非常僵化的機器

一切都是相互關聯的

如同我們先前提到的，這四種症狀都是緊密相關的。當 Sprint 幾乎無法打造出產品的可運作版本時，團隊就無法受益於 Scrum 框架所提供的短回饋循環（short feedback loop）。缺乏利害關係人的回饋，意味著我們失去了驗證產品與其用途的關鍵假設之重要機會。如果沒有短回饋循環這個重要

部分，Sprint 彷彿就變成了虛假的時間盒（timebox）。在這種環境中，團隊不會想要迫切地充分利用每個 Sprint。當無法實現 Sprint 目標時，團隊也不會感到沮喪。即使團隊可能已經意識到這並不是 Scrum 的運作方式，也不會採取任何行動來改變這種狀況，因為他們覺得自己已經被困在一個沒有任何改變能力的體制。

這不就是貨物崇拜 Scrum 或暗黑 Scrum ？

在網路上簡單搜尋，你就會找到許多用來形容糟糕 Scrum 的其他隱喻，像是「貨物崇拜 Scrum」（Cargo Cult Scrum）、「機械式 Scrum」（Mechanical Scrum）及「暗黑 Scrum」（Dark Scrum）。除了我們真的很喜歡使用喪屍一詞並想盡辦法將它寫進文章之外，「喪屍 Scrum」也凸顯了這種 Scrum 缺乏動機、缺乏改善動力及步調緩慢等不自然的特性。此外，有趣、誇張的隱喻提供了我們寓教於樂的機會。在一開始大笑過後，更仔細的檢驗或許可以提供一些改善方向。

喪屍 Scrum 還有希望嗎？

一旦成為喪屍 Scrum，就注定永遠是喪屍 Scrum 嗎？幸運的是，答案是斬釘截鐵的「不」。首先，大多數一開始就採用 Scrum 的團隊，初期都會遇到部分或全部的症狀，只要他們能從錯誤中學習並找出克服的方法，那麼犯錯就不是問題。當採用像 Scrum 框架的經驗導向方式工作時，常常會跟組織習慣的運作方式相衝突。一次改變所有事情是不可能的，所以你必須學會，如何在同樣的增量節奏下成功地運用 Scrum 交付產品。這可能需要很長的時間與大量的學習。

其次，我們從經驗中得知，即使你的團隊長期陷入喪屍 Scrum 中，也可以從中復原。當然，復原過程將會很痛苦、充滿挑戰且耗時，但絕對有可能完全康復。否則，我們何必花時間撰寫這本收錄各種實驗的書籍來預防與治療喪屍 Scrum 呢？

儘管如此，我們必須正視痛苦的事實：喪屍 Scrum 已在全球各地蔓延，並對許多大大小小的組織造成威脅。遭受喪屍 Scrum 困擾的新團隊數量正在急速上升，每週都會出現整個部門喪屍化的現象。許多組織一察覺到此感染的嚴重性，便開始陷入恐慌。通常，第一波的恐慌平息之後，就會開始進入否認階段。然後，你將聽到如下的說法：

- 「這裡的運作方式就是這樣。」

- 「這是一個獨一無二的組織。我們太獨特了，無法照本宣科實行 Scrum。」

- 「我們沒有時間參加所有的 Scrum 儀式。」

- 「我們的開發人員只想寫程式。實行「真正」的 Scrum 只會降低他們的生產力。」

- 「如果我們將員工的成熟度提升到第五級，Scrum 就可以運作。」

本書的目的在於提供能幫助對抗喪屍 Scrum 的具體實驗。這確實需要你展現勇敢、膽識及狠勁。而且我們完全相信你與你的團隊做得到！記住，你並不孤單。你是共同參與對抗喪屍 Scrum 全球運動的一員！

實驗：與團隊一起診斷

在本書中，你將會認識許多你可以和團隊一起進行的實驗與介入措施。它們的目的都是為了協助讓正在發生的事情更加透明化，好讓團隊得以檢驗與調適。每個實驗的模式都大致一樣，我們會先從目的開始講起，接著逐一解釋每個步驟，並提醒要注意的事項。

第一個實驗是建立透明性，以及展開與喪屍 Scrum 有關的對話（請參閱圖 3.6）。這是邁向復原與面對現實的關鍵步驟。此實驗可協助你發展第 2 章「急救箱」的前三個步驟：承擔責任、評估情況及產生覺察力。

此實驗是基於《團隊活化結構驚奇力量》的「發生什麼、影響什麼、現在要做什麼？」[1]而設計的。這是建立信心、慶祝微小成功與建立克服困境能力的好方法。

技能／影響比

技能		填寫問卷調查並與你的團隊一起檢查其結果。這不需要任何技能。
對生存的影響		就喪屍Scrum而言，此實驗可以讓你的團隊（及周遭）正在發生的事情更加透明化。這是你邁向復原最為關鍵的第一步。

圖 3.6　團隊診斷進行中

---

[1] Lipmanowicz, H., and K. McCandless. 2014. The Surprising Power of Liberating Structures: Simple Rules to Unleash a Culture of Innovation. Liberating Structures Press. ASN: 978-0615975306.（譯者註：中文繁體版為《團隊活化結構驚奇力量：簡單引導方法激活創新文化》，2023。行益品牌顧問出版社。）

步驟

以下步驟能協助你進行此實驗：

1. 前往 **survey.zombiescrum.org**，並為你的 Scrum 團隊填寫這份免費且詳盡的問卷調查。依照指示，邀請團隊其他成員加入並成為你的「樣本」。為了保護他人隱私，並避免問卷的濫用，每位填卷者只會看到自己的分數。

2. 當你完成問卷調查，你將會收到一份詳細的報告（請參閱圖 3.7）。每當有新的樣本加入，報告就會即時更新。在報告中，你將找到關於喪屍 Scrum 四種症狀的結果與詳盡的分析。此報告也會根據這些結果提出回饋與建議。

3. 當所有成員都參與後，請安排一個一小時的工作坊，讓團隊一起檢視這份調查結果。我們建議僅由 Scrum 團隊：Product Owner、Scrum Master 及開發團隊參與此活動。

4. 為工作坊做好準備。你可以列印報告並發送副本、將列印的報告貼在牆上，或是單純在螢幕上展示檔案。

5. 開始此工作坊時，請再次明確說明活動目的，並強調可能發生的事情（以及不會發生的事情）。請務必強調，改善始終是一個漸進、增量且經常是混亂的過程，而這個工作坊是整個過程的其中一個步驟。

6. 請每一個人靜默地檢視結果，並記錄其觀察。然後詢問：「你在結果中發現了什麼？」鼓勵大家在第一輪討論中堅守事實，避免倉促做出結論。幾分鐘後，請大家以兩人一組的方式，花幾分鐘分享他們的觀察結果，並注意其中的相似與不同之處。如果有八個或更多的人，請兩組合併為一組，請他們花幾分鐘分享他們的觀察結果並留意其分享模式。請各小組向整個團隊分享最重要的見解，並以在場所有人都能看到的方式記錄下來。

7. 採用不同的問題，並依照前一步驟所描述的模式，重複進行兩次。在第二輪中，問大家：「那麼，作為一個團隊，這對我們的工作意味著什麼？」在第三輪中，問大家：「作為一個團隊，我們在哪裡有改善的自由與自主權？有哪些小的第一步是我們可以承諾的？」請確保找出最顯著的結果。

8. 將最重要且可行的改善項目放進下一個 Sprint 待辦清單中。如有需要，請讓其他人參與，以持續獲得改善。

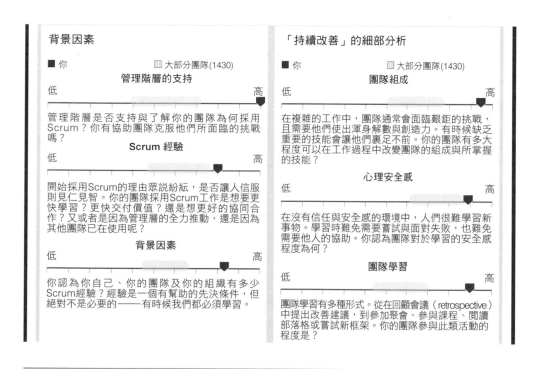

圖 3.7 這是你完成喪屍 Scrum 問卷調查後將收到的部分報告內容

我們的發現

- 人們可能很容易就可以找出數十種潛在的改善措施，但最終卻什麼也沒做。相反地，你可以先集中心力改善一件事，接著再來改善其他事情。如果此改善的幅度太大，無法在一個 Sprint 內完成時，那就將它縮小。

- 當你要求人們參與調查時，你是在請求他們信任你並誠實回答問題。你必須非常重視這件事。除非每一位參與者都清楚表示同意，否則不要將報告散布給團隊以外的人或轉發給管理層。

- 請勿使用此報告來比較團隊。一旦這麼做，你破壞信任的速度將會比重建信任更快。

接下來呢？

在本章中，我們探討了喪屍 Scrum 看起來像真正的 Scrum 的原因。喪屍 Scrum 具備所有 Scrum 元素：角色、事件及工件。但是它既沒有心跳，也沒有頻繁的發布，利害關係人幾乎很少參與，團隊不覺得他們能掌控自己所做的事情，而且通常也沒有動力改善此情況。遺憾的是，根據我們蒐集的資料顯示，這種情況相當普遍。

但值得慶幸的是，還有一條出路。儘管從喪屍 Scrum 中復原可能會讓人感覺像是需要自力更生，但我們已經看到許多團隊與組織都做到了。本書的其餘部分將協助你更好地了解導致喪屍 Scrum 的原因，並開始與你的團隊一同改善。

Scrum 的目的

「通常學校是你最好的選擇──也許並不是接受教育，但肯定能保護你免受喪屍攻擊。」

──Max Brooks，
《末日關鍵求生術：戰鬥知識與技能》

在本章中，你將會：

- 探索喪屍 Scrum 與正確的 Scrum 有何差異。

- 了解 Scrum 框架的基本目的，以及 Scrum 可以如何應對複雜問題與降低風險。

在瘋狂尋找喪屍 Scrum 的解藥時，我們從便利貼的背面、白板後方，甚至是床底下四處尋找。我們研究喪屍 Scrum 的症狀，並試圖追溯它的根源。簡而言之，當我們討論喪屍 Scrum 的原因時，通常會以「人們最初使用 Scrum 框架的原因是什麼？他們期望從中獲得什麼？」等問題作為結尾。但有一個始終存在的課題是，當人們回答這些問題時，眼神呈現空洞狀態，喪屍 Scrum 就會在這樣的環境中蓬勃滋長。

想從喪屍 Scrum 中復原，就要先了解 Scrum 框架的目的。當你了解喪屍是因為渴望新鮮大腦而行動時，你就有能力做出清楚明智的決定，並盡可能地遠離它們。然而要避開喪屍 Scrum，並不是只有了解 Scrum 框架的目的就好。隨之而來的苦工，就是要移除那些阻撓我們及早交付價值給利害關係人的障礙。當你的目標不明確時，就很難有效地治癒喪屍 Scrum。了解 Scrum 框架的目的還能幫助你明白本書中不同的實驗與介入措施之間的關聯性。

在本章中，我們將探討 Scrum 框架的目的，以及它的各項元素是如何相互配合與實現此目的。如果你想更全面地了解整個 Scrum 框架，請參考：zombiescrum.org/scrumframework。

「新兵，是時候開始讀書了！我們的資料顯示，當你對正在處理的事情一無所知時，你的成功機會將會是 0%。把這些資訊牢記在腦海中，可以避免成為喪屍的點心。」

這全都與複雜的適應性問題有關

為什麼人們會採用 Scrum？ Scrum 框架是敏捷軟體開發的一部分，而通常這也是讓人感到困惑的地方。我們喜歡在工作中請人們找出**敏捷**的同義詞。當你使用同義詞辭典時，你會找到像是**彈性**（flexible）、**調適**（adaptive）及**靈活**（nimble）等替代詞。在不確定性加劇的環境下，這些都是非常棒的特質。Scrum 的設計用意就是幫助你快速學習，並根據所學進行調整。

不過，Scrum 是否隨時隨地都適用呢？官方 Scrum 指南提供的定義已經為我們指引了正確方向：

> **Scrum**（名詞）：一種框架。人們能夠在此框架中處理複雜的調適性問題，同時以高效且有創意的方式交付盡可能高價值的產品。[1]

要了解 Scrum 的目的，關鍵在於「複雜的調適性問題」這句話。在 Scrum 指南中，這句簡短卻難以忽視的句子，就像是一道錯綜複雜的謎題，使我們在遇到特定類型的問題時採用不同的處理方法。我們將更進一步解釋這句話。

問題

當我們提到「問題」，我們想表達什麼呢？這個問題似乎微不足道，但了解問題的本質是探索 Scrum 框架目的的好開始。

英文單字 **problem** 源自於古希臘語，意思是「障礙」或「阻礙」。問題就是那些妨礙我們進行或理解事物的障礙。實際上，它們就像拼圖一樣必須拼湊完成才能向前邁進。就像益智遊戲一樣，有些問題只需要一些努力，

---

[1]　Sutherland, J. K., and K. Schwaber. 2017. The Scrum Guide. Retrieved on May 26, 2020, from **https://www.scrumguides.org**.

就可以得到明確的成功結果;而有些問題則需要付出更多心力,卻得不到明確的成功結果。

在產品開發的環境中,會遇到許多不同層面的難題。有些問題可能是解決某特定的程式錯誤、更正拼字錯誤或替換圖片;而有些問題可能是找出解決某一群使用者需求的方法,或是發想一個可擴充的架構。基本上,大部分的問題都可以細分成許多我們要解決的小問題。

複雜的調適性問題

每個問題的複雜程度各不相同。原因在於變數量(或者拼圖數量)以及你對成功結果的認知程度。這就跟拼圖遊戲一樣,有些時候,想要透過全部的拼圖碎片來一探全貌是非常困難的。為了取得進展,你必須從單純分析問題,轉變成移動桌上的拼圖碎片來查看每塊拼圖是否匹配。

「複雜」意味著不能只透過分析與思考來找出問題的解決方案。因為涉及的因素太多,加上你無法預測這些因素之間的影響方式,所以在產品開發過程中,有許多變數影響我們的成功。雖然有些變數顯而易見,但大多的變數並非如此。跟團隊合作時,我們經常要求成員們集思廣益,討論哪些因素可能會對他們提出的解決方案的成功造成影響。短短幾分鐘內,他們就產生了一份龐大的清單。例如:

- 了解使用者對特定功能的需求。

- 溝通風格與技巧的差異。

- 組織內的授權與支持程度。

- 團隊的技能層級。

- 引導決策制定的明確目標與(或)願景。

- 現有程式庫的品質、規模及知識。

- 與所需零件供應商的關係。

和拼圖遊戲不同的是，這些「拼圖碎片」既抽象又難以定義。它們以無法預測且意想不到的方式相互影響，只能事後理解。更複雜的是，產品開發中的許多問題並沒有清晰與顯而易見的解決方案，這些問題當中包含了許多人，他們的觀點也會一直改變，這就是它們具有「複雜性與調適性」的原因。與他人合作時，你對問題與解決方案的理解將以無法預測與意想不到的方式發生變化，有時是逐漸改變，有時則是迅速改變。因此，你必須發展（新）技能，並找到更好的方式來彼此合作。

其中一個範例是關於荷蘭鐵路事故管理的產品開發案，本書的其中一位作者在此專案中擔任支援角色。不同於過去客戶所熟知的方式，該產品是由六個位於同一地點的跨職能 Scrum 團隊進行，歷經數年增量式開發完成。其中一個主要的複雜性，就是如何讓該產品與數十個新、舊的子系統可靠地進行互動，以便可以擷取、同步及更新軌道與軌道周圍的即時資訊。在某些情況下，生命的安全完全取決於資訊的準確性。暫且不論技術的複雜性，使用該產品的合作夥伴還包括物流公司、緊急服務、旅客鐵路服務以及其他公共事業的供應商。隨著性能問題浮現，舊系統與硬體的相容性出現問題，團隊在許多利害關係人的政治角力中飽受困擾，這讓即使是產品待辦清單中看似簡單的項目，也往往比預期的更難解決。不僅整個產品開發出現複雜的調適性問題，產品待辦清單上的每個項目也是如此。然而因為採用經驗主義方法，團隊得以增量交付成功的產品，而這項產品也沿用至今，並且已將事故的反應時間縮短了 60%。

複雜性、不確定性及風險

複雜問題的關鍵特性,就是問題的本質是不明確且無法預測。因為問題與解決方案都需要與利害關係人一同積極探索,加上成功的定義並不明確,所以當你放眼未來時,接下來會發生的事情就越來越模糊。這就像天氣預測,你可以對明天的天氣有精準的預測,對下週的天氣只有大概的感覺,而對一個月後的天氣則毫無頭緒。這種不確定性其實就意味著風險。這些風險可能是走錯方向的風險,將時間與金錢花在錯誤事物上的風險,以及迷失方向的風險。

為了降低這種風險,我們本能想到的策略,就是在實施解決方案之前深入分析與深思熟慮該問題。這個方法可以用在簡單的問題,但是針對複雜的問題,過多的分析會變得毫無意義,這就像看到 10,000 個拼圖碎片就想試圖在腦海中拼湊完整拼圖一樣。

然而,這正是許多組織應對複雜問題的方式。他們成立專案小組來思考解決方案,花更多時間在規劃階段,或者要求更詳細的計畫書。他們並不是實際移動拼圖來確認拼圖之間是否匹配,而是採用越來越形式化的方式來消除複雜性。但這些形式都無法真正減少風險,因為事實很簡單:複雜問題的本質就是無法控制且充滿不確定性。

值得慶幸的是,有一種極為有效的方法可以真正降低複雜的適應性問題的風險。這時就是經驗過程控制理論(empirical process control theory)與 Scrum 框架可以發揮作用的地方。

經驗主義與過程控制理論

我們被複雜的問題包圍著,即使看似簡單的問題,仔細檢視後也會變得複雜。其中一種方法就是透過推理或直覺來解決這些問題,或者你也可以依賴過往經驗來解決問題,但如果你沒有做過某些事情,或是變數不斷改變時,過往經驗能有多可靠呢?

複雜的挑戰也是化學工程師一直以來都在解決的課題。事實證明，即使是看似單純的化學過程，在仔細研究後也會很複雜。要如何維持液體的溫度恆定？要如何在不降低品質的前提下加熱原油以進行運輸？影響這些過程的變數如此之多，因此必須用不同的方法來控制它們，這個主題就是大家熟知的經驗過程控制理論[2]。與其試著辨識在綜合模型中所有可能的變數以及變數的相互影響，不如持續以感測器監控重要的關鍵變數。當變數超過一定的期望狀態時，那就調整其他變數來將系統調整回期望狀態，例如：增加熱能、排放空氣、增加或減少用水。在這裡，驅動決策的知識並不來自於模型或假設。相反地，它來自於短回饋循環，藉由頻繁的測量來進行必要的調整。

這種從經驗中發展知識的方式被稱為「經驗主義」（Empiricism）。經驗主義發展於古希臘時代，是現代科學的基礎。它與理性主義形成對比，理性主義使用分析與邏輯推理來獲得知識。在經驗主義中，任何事物在經過觀察得到驗證之前，都無法認定它為事實。

儘管經驗過程控制理論是為了控制工廠中的複雜化學過程而發展出來，但其原理同樣能應用在其他領域的複雜問題。Scrum 框架便是其中一種應用範例。

經驗主義與 Scrum 框架

Scrum 框架是由 Ken Schwaber 與 Jeff Sutherland 於 1990 年代開始發展，並於 1995 年首次正式制定，以處理產品與軟體開發本身的複雜性[3]。近年來，Scrum 框架被用來處理各種領域的複雜問題，例如市場行銷、組織變

[2]　Ogunnaike, B. A., and W. H. Ray. 1994. Process Dynamics, Modeling, and Control. New York: Oxford University Press.

[3]　Sutherland, J. V., D. Patel, C. Casanave, G. Hollowell, and J. Miller, eds. 1997. Business Object Design and Implementation: OOPSLA '95 Workshop Proceedings. The University of Michigan. ISBN: 978-3540760962.

革及科學研究。Scrum 框架建立在經驗過程控制的三大支柱上（請參閱圖 4.1）：

- **透明性（Transparency）**：你蒐集資料（例如指標、回饋及其他經驗）來了解目前所發生的事。

- **檢視性（Inspection）**：你和所有相關人員一起檢查進展，並決定這對你的目標意味著什麼。

- **調適性（Adaptation）**：你做出改變，希望這個改變能讓你更接近你的目標。

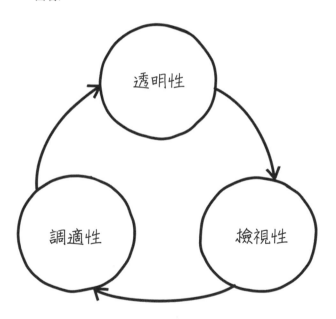

圖 4.1 建立透明性、檢視結果及調適其他需求的短循環

這個循環會根據需要反覆進行，以找出工作過程中出現的偏差、意外發現及潛在機會。這個過程不是每年一次或在專案完成時才進行，而是要每天、每週或每月持續進行。我們不會根據那些有風險且未來可能不會發生的假設來做決策，而是根據到目前為止檢測到的信號做決策，這就是經驗

主義。在本章後面，你將會發現 Scrum 框架中的所有事物都是依據這些支柱而設計。

Scrum 框架的可能性

當你接受自己並不了解所有事情且無法掌控所有變數時，Scrum 框架所提供的經驗方法將會變得非常有用。因此，你對原有的認知將會發生變化，你必須接受原先從未想到的錯誤與新的見解。與其事先制定精準的計畫書，然後不顧一切地堅持執行，你要將想法視為臆測或假設，並透過 Scrum 框架來驗證。

Scrum 框架可以讓你比遵守計畫更快了解是否偏離正軌、是否需要進行調整。它可以讓你先解決自己面臨的最大問題，而不是全力投入一個解決方案。

當你處在不確定且多變的環境時，這個框架就會變得相當重要。你在工作初期所做的合理假設可能會隨著產品的開發而被拋諸腦後。經驗方法可以將意外變化的程度降低到只需要稍微修正路線的小型減速丘，不會讓你在長期專案結束時面臨災難性的失敗。

說得更詳細一點，就是 Scrum 框架能幫助降低複雜的調適性問題本身不可預測且不確定的風險。它能讓你不斷地驗證自己是否仍朝著解決問題的方向前進。更棒的是，現在你有一個主動鼓勵自己發現更好的想法，並將它納入下一步的過程。現在，不確定性是一種資產，因為它包含各種潛在的可能性。

Scrum：憑藉工作經驗不斷演進的最小邊界

當你閱讀 Scrum 指南或 Scrum 框架時 [4]，你可能會注意到 Scrum 框架保留了許多未解決的問題。例如，如何定義 Sprint 目標？如何建立跨職能團隊？有哪些實踐可以幫助 Product Owner 或 Scrum Master 取得成功？從新的角度看待 Scrum 框架可能會令人感到挫折，因為那些尋找完整方法論的人們不免會想問：「那我該怎麼做？」

Scrum 框架不完整是有用意的。你最好將它理解成工作經驗的最小邊界。它只敘述你需要做什麼，而不會教你怎麼做。Scrum 指南並沒有提到像是測試驅動開發、故事點或使用者故事的具體作法。每一個團隊、產品和組織都不同。這種複雜性意味著不存在靈丹妙藥或通用的解決方案。相反地，Scrum 框架鼓勵團隊在其邊界內探索適合自己的解決方案與做事方法。有很多潛在資源可以幫助你了解可行的作法，例如：單純試著從不同的部落格、Podcast 及聚會中獲取靈感。

Scrum 框架並非恆久不變，它會隨著時間而變化。自從 1995 年 Scrum 框架首次正式推出，許多使用 Scrum 的團隊所分享的見解與經驗也帶來了許多大大小小的調整。目前普遍的趨勢是，Scrum 框架越來越常被應用在產品與軟體開發之外的領域，這反映出特定的實踐方法（例如燃盡圖）已經從框架中移除，措辭也從實行改為強調意圖，新版本越來越強調 Sprint 目標與價值在複雜環境中推動制定決策的重要性，Scrum 框架本身也受制於自身的透明性、檢視性及調適性過程。

4　請從 from https://zombiescrum.org/scrumframework 下載 PDF 檔案。

喪屍 Scrum 與效率思維

喪屍 Scrum 與這一切有什麼關聯？我們發現了一點，就是人們因為錯誤的原因而使用 Scrum 框架。當你問喪屍 Scrum 組織中的人們希望從 Scrum 中獲得什麼時，你會聽到像是「更快」、「更聰明」、「更多產出」以及「更高效率」之類的話。這跟**敏捷**的實際意義截然不同，也跟 Scrum 框架的目的大相逕庭。這個矛盾是從哪裡來的呢？

組織管理與產品開發的傳統方式與敏捷背道而馳。這種思維模式通常被稱為**效率思維**（efficiency mindset）。效率思維的完整歷史超出了本書的範圍，但 Gareth Morgan 的作品提供了很好的介紹[5]，足以說明它的目的是盡可能降低不確定性、增加可預測性及提高效率。這種思維通常用在對即將進行的工作細部規劃、透過制定協議與程序將工作標準化、對任務進行高度的分工，以及衡量效率的標準（例如每日工作量、資源利用率或錯誤數量）。這種思維在簡單且重複性高的工作環境中可能有效，例如生產線或特定的行政工作。但是當人們所在的環境是處理複雜、適應性問題，而且這些問題本質上是不可預測與不確定時，這種思維絕對行不通。

然而，這種思維模式已經根深蒂固，以至於人們無法察覺它的存在。它完全形塑了我們設計組織、建構互動及建立文化的方式。當你從這樣的角度來看 Scrum 框架，人們試圖理解這個框架如何影響效率、速度及產出，這是合理的，而當它無法達到這些目的時，人們便會感到失望。

廣義來說，Scrum 框架重視的是成效，而不是效率。效率指的是完成盡可能多的工作（產出），而成效指的是工作的價值與實用性（成果）。儘管採用 Scrum 框架完全有可能提升效率，但這既不是保證，也不是框架本身的目的。

---

[5]　Morgan, G. 2006. Images of Organization. Sage Publications. ISBN: 1412939798.

在喪屍 Scrum 存在的環境中，效率思維是如此強烈，導致人們只看見 Scrum 框架的結構元素：角色、事件及工件。他們看不見也無法體會經驗主義所帶來的價值（請參閱圖 4.2）。這就是為什麼喪屍 Scrum 看起來像 Scrum，卻少了經驗主義的核心。

圖 4.2 難道是關注的地方不對？喪屍 Scrum 非常專注在效能與完成的工作量。但是客戶感到滿意嗎？是否交付了客戶想要的價值？

簡單的問題該如何處理？

當 Scrum 框架的設計是為了處理複雜的調適性問題，那麼遇到簡單的問題時該如何處理？如果你無法在第一時間確認遇到的問題是否複雜時，又該怎麼辦？

首先，實際進行這項工作的人往往最有機會判斷問題的複雜性。利害關係人認為非常簡單的問題，對開發人員來說可能很困難。本書的其中一位作者曾經就遇過一位利害關係人大膽表示，建立一個網路商店就像把 USB

隨身碟插入筆記型電腦一樣容易。顯然這位利害關係人是希望透過這種比喻方式來降低開發費用。但我們都曾經遇過類似的情況，不參與工作的人會說「這不難吧！」因此，應該由實際進行工作的人來評估工作的複雜性。

然而，即使是執行這項工作的人也很容易上當。複雜的問題通常無法一眼就看出其複雜性。只有當你開始處理它們時，才會發現更多隱藏在表面下的問題。多數的開發人員都知道這種狀況：他們從看似微小的改變開始著手，卻發現這個微小改變影響了許多其他環節，並連帶引發一些無法預期的問題。原本看似簡單的問題，最終卻變成一個複雜的問題。

第三個考量點是複雜性不一定僅限於技術問題。雖然更改網站上按鈕的文字可能很容易，但是當許多利害關係人參與時，複雜性也隨之浮現。隨著參與人數增加，複雜性也隨之增加。

最後是規模大小的問題。即使是最複雜的問題也可以被拆解成數個簡單的小型任務。某種程度上，這正是我們在 Scrum 框架中做的事情：將一個大問題拆解成一系列規模小且適合放入 Sprint 的問題。這些小問題可以再進一步拆解成 Sprint 待辦清單項目。有時候，我們因為只看到 Sprint 待辦清單上較簡單的任務而認定這個問題並不複雜，反而忽略了更大的問題。

當我們將這些因素納入考量，我們堅信現代職場所面臨的問題大多數都很複雜，而不論採用任何形式的經驗主義都是有益的。而那些無需與他人協作即可完成的重複性任務通常是少數的例外情況。如果你有疑慮，最好先假設這個問題很複雜，然後採用經驗方法來處理，例如 Scrum、Kanban、DevOps 或極限程式設計等。如果發現問題很簡單，你會很快注意到經驗方法無法產生新的洞見或是有用的調適。在這種情況下，認為經驗方法無效也是根據經驗判斷的。這能幫助我們避免假設事情很容易，卻發現其實沒那麼簡單，以及必須重新思考整體手法與期望的風險。

關於如何區分簡單問題與複雜問題的詳細分析與建議作法，可以在 Ralph Stacey [6]、Cynthia Kurtz 及 Dave Snowden 的著作中找到。[7]

接下來呢？

當團隊不了解或是失去對 Scrum 框架目的的關注時，喪屍 Scrum 就會發生。這也是為什麼我們用本章來解釋 Scrum 框架能如何幫助團隊管控複雜問題本身的風險。這並不是一個允許你不經思考就執行的詳細方法。相反地，Scrum 框架提供了一組最小的邊界，讓團隊能依據經驗處理任何一種複雜的問題。在最簡單的形式中，它鼓勵團隊與問題中的利害關係人共同協作，採用小步驟來解決複雜問題。利用每個步驟來了解還需要什麼才能驗證假設，並為後續步驟制定決策。

確實，Scrum 框架易學難精。每個 Scrum 框架的旅程都有個起點，無論你的起點在哪，學習使用 Scrum 的最佳方法就是實踐。當你牢記 Scrum 框架中的迭代與增量特質的用意，它將會是學習與改善的好工具。雖然旅程可能很艱難，甚至有時候會認為做不到，但改善會隨著時間自然發生。慶幸的是，現在有一個龐大與熱情的全球性 Scrum 社群，隨時準備協助你。當然，這本書也可以幫助你。在接下來的章節，我們將更仔細地探索喪屍 Scrum 的症狀與原因，並提供一些實驗來復原喪屍 Scrum。

---

[6] Stacey, R. 1996. Complexity and Creativity in Organizations. ISBN: 978-1881052890.

[7] Kurtz, C., and D. J. Snowden. 2003. "The New Dynamics of Strategy: Sense-making in a Complex and Complicated World." IBM Systems Journal 42, no. 3.

第二部分
打造利害關係人的需求

症狀與原因

「有了墨鏡、帽子及半包 *OK* 繃，*Roger* 看起來就像人類。」

——Nadia Higgins，
《Zombie Camp》

在本章中，你將會：

- 探索無法打造利害關係人需求的喪屍 Scrum 的常見症狀。

- 探索不讓利害關係人參與的原因與理由，並了解為什麼會發生這種情況。

- 了解利害關係人在健康的 Scrum 團隊中應有的參與方式，以及為何與利害關係人密切協作是成功的先決條件。

真實經驗

Janet 是保險公司的軟體開發人員。她的團隊大約在六個月前開始採用 Scrum。在 Sprint 規劃會議期間，Product Owner 向開發團隊說明接下來必須進行的事項。最重要的是團隊必須在兩周的 Sprint 時間內完成工作，如果做不到這一點，就會打亂計畫，因為 Product Owner 已經將所有的 Sprint 規劃到明年。

在每一個 Sprint 中，Janet 都會根據 Sprint 規劃會議分配的任務進行工作。她努力克服每一個沉悶的每日 Scrum 會議。在 Sprint 審查會議期間，開發團隊向 Product Owner 展示他們所完成的增量。Product Owner 逐一核對打勾，然後開始下一個 Sprint。團隊對於能夠交付 Product Owner 所要求的一切感到自豪。但 Janet 仍不禁思考「也許還有更多我們沒察覺到的事情。」

因此，在去年秋天的一次團隊會議上，她提及產品的使用者介面看起來既過時又複雜。Janet 坦白說，如果可以的話，她自己也不願意使用它。她提出質疑使用者是否可以接受它，並建議可以讓使用者參與更多開發事宜，Product Owner 卻斥責她做出這些假設。身為 Product Owner，他只需要負責將業務、支援及管理部門的各種功能需求轉達給開發團隊，實在沒有必要與使用者交談。而且，支援部門從未轉達過任何跟介面有關的抱怨。他提醒她，他們是為一家專業的保險公司工作，而不是為時髦的新創公司工作。從這一刻起，Janet 再也不提出任何與使用者有關的問題，只是單純地按照要求進行工作。

這個案例描述了許多喪屍 Scrum 團隊都熟悉的模式。開發團隊並沒有和真正的利害關係人（例如使用者與客戶）緊密合作，而是只交付 Product Owner 所命令的事。而 Product Owner 只轉述業務或行銷部門交付給他們的需求。Scrum 團隊大多不知道 Sprint 結束後會發生什麼事，更別說他們的工作會如何影響使用者。在本章中，我們將探討喪屍 Scrum 最明顯的症狀之一：不打造利害關係人的需求。

究竟有多糟？

我們透過 survey.zombiescrum.org 中的線上症狀檢測工具持續觀察喪屍 Scrum 在全球蔓延的情況。截至撰寫本書時，已參與檢測的 Scrum 團隊狀況如下：*

- 65% 的團隊在 Sprint 期間很少與其他部門（例如：法務、行銷、業務）互動。
- 65% 的團隊的 Product Owner 很少拒絕工作或說「不」。
- 63% 的團隊從未或很少從產品待辦清單中移除項目。
- 62% 的團隊認為開發團隊與利害關係人在 Sprint 期間的互動不夠頻繁。
- 62% 的團隊中只有 Product Owner 一個人與利害關係人互動。
- 60% 的團隊中的 Product Owner 沒有權限決定如何支配預算。
- 59% 的團隊的 Sprint 審查會議只有 Scrum 團隊參加（沒有利害關係人參加）。
- 53% 的團隊的 Product Owner 沒有或很少讓利害關係人排序或更新產品待辦清單。

---

* 這些百分比代表在10分為滿分的評分制度下，獲得6分或更低分數的團隊。每個主題以10～30個問題來進行衡量。此結果來自於2019年6月至2020年5月期間參與**survey.zombiescrum.org** 自我報告調查的1,764個團隊。

為什麼必須費心讓利害關係人參與？

無論是商業企業、非營利組織或政府機構，唯有為環境帶來有價值的事物，他們才能持續存活。聽起來很理所當然吧！但不知為何，我們總在日復一日的工作中忘記了這句話的意思。為什麼在許多組織中（無論大小）實際從事產品開發的人員（設計師、開發人員、經理、測試人員等）很少有機會與真正的利害關係人進行真實的交流？隱藏在層層堆疊的「組織脂肪」（業務、行銷、客戶經理、專案經理）背後的利害關係人，已經淪為一種抽象的概念。

誰才是真正的利害關係人？

聽起來，我們顯然應該讓利害關係人參與。但究竟誰才是利害關係人？是使用者？是客戶？是內部還是外部客戶？或是產品經理？儘管有些組織會特別專注於外部客戶，但許多組織也會讓一些應該參與的內部人員來決定什麼對組織有價值。而在其他組織中，例如非政府組織與政府機構，員工們並不熟悉「客戶」這個詞。

因此，《Scrum 指南》刻意使用「利害關係人」這個詞來表示所有與產品有關連的人。特別是在喪屍 Scrum 中，我們看到許多例子，利用利害關係人一詞的模糊性，讓團隊相信只與內部利害關係人、領域專家或協調者溝通才是 Scrum 的目的，而真正付費或使用產品的人們卻沒有參與其中。

這是一個重大的議題。在產品開發過程中，我們希望從商業觀點出發來取得使用者與客戶之間的平衡，只專注在其中一方會產生問題。然而，幾乎在我們所有合作過的喪屍 Scrum 團隊中，客戶與使用者的利益都被嚴重忽視了。這種失衡很容易導致我們在這本書中看到的許多症狀。

本書這個部分講述的內容是在對的時間邀請對的人參與。這些人在產品交付時會有所獲益，如果沒有交付則會有所損失。讓他們加入是減少打造錯誤產品風險的最佳途徑。

雖然在產品開發過程中邀請許多人參與，並簡單稱他們為「利害關係人」是很容易的，但要找到真正跟你的產品有利害相關的人卻困難許多。我們發現下列幾個問題可以幫助探索誰是真正的利害關係人：

- 這個人是否正定期使用或準備要使用這個產品？

- 這個人是否在產品開發上投入大量資金？

- 這個人是否投入大量心力在解決你的產品所遇到的挑戰？

你會發現這些問題都跟價值有關。利害關係人就是幫助你決定下一步要做哪些有價值事項的人，因為對他們而言，獲得時間或金錢的投資回報是很重要的。其他人則是你的「觀眾」，這可能包括領域專家、協調者及其他對你的產品感興趣但不涉及個人利益的人。你可以開心地邀請他們共同參與，但你要把焦點放在你的利害關係人身上。當然，這個觀點強調的是使用產品的人（使用者）與付費者（顧客）的參與，而這兩個群體經常會重疊。

從喪屍 Scrum 中復原的第一步就是找到正確的利害關係人，並且還要繼續細分哪些人是利害關係人，哪些人不是。

驗證價值的各項假設

正如我們在第 4 章所探討的，產品開發是一項複雜的工作。這項工作的本質是，團隊針對利害關係人的需求，以及如何完美滿足這些需求，或是什麼才是有價值的需求等做出許多假設。每個假設都有出錯的風險，因此，與其等到開發的最後階段才驗證這些假設，並冒著假設被證明錯誤時而損失大量時間與金錢的風險，我們應該及早並頻繁地驗證假設來降低風險。你可以透過回答以下問題來實施這個作法：

• 人們是否了解如何使用這項新功能？

• 這項功能是否真的能解決原先想解決的問題？

• 這個欄位的描述是否合理？

• 這個改變是否有助於提升轉換率？

• 當我們上線這項功能時，是否確實縮短了執行某項任務所需的時間？

Scrum 框架提供的基本要素，可以促進團隊共同探索以驗證假設。透過頻繁交付產品的增量，開發人員與利害關係人可以針對哪些是有價值的項目，以及該如何打造這些有價值的項目進行重要的對話。這些對話可以是

一些你希望開發人員與利害關係人討論的問題，例如「以這種方式導入的功能是否可以幫助你解決問題？」、「我們該如何讓這項功能更有價值？」以及「當你看到這項功能時，會出現哪些新穎且有價值的想法？」。

檢視 Sprint 所打造的產品增量，就是產品回饋循環的終點，這也是 Scrum 團隊檢查成果是否與目標一致的時刻。「檢視可運作的增量」這個步驟，可以讓在場的所有人看到一樣的事物、用一樣的方式理解，並用一樣的語言表達。如果缺少這一個步驟，對話將僅止於理論且表面的形式，並且要交付利害關係人真正需要的產品也將變得更加困難。

為什麼我們不讓利害關係人參與？

如果讓利害關係人參與是如此重要的事，為什麼那些飽受喪屍 Scrum 所苦的組織沒有這麼做呢？造成這個問題的原因有很多，接下來我們將探討幾個最常見的原因。當你明白這些原因時，就可以更輕易地選擇適當的介入方式與實驗。透過了解這些原因，也讓我們對「喪屍 Scrum」建立同理心，並且了解儘管每個人的立意良好，但喪屍 Scrum 還是會頻繁出現。

「好了，新兵！現在我們終於要提到喪屍 Scrum 的肉……抱歉，是核心部分。交付價值、讓利害關係人參與才是真正的骨頭……抱歉，是關鍵。我今天是怎麼了？好吧，這些都非常重要。我們會為你準備好一切，以便你能發現缺乏利害關係人的症狀，並可以安全地嘗試幾項實驗。加油！祝你好運，別被喪屍咬了！」

我們並沒有真正了解產品目的

在喪屍 Scrum 環境中運作的 Scrum 團隊，幾乎無法為自己的產品價值給出明確的答案。他們不清楚產品可以如何幫助利害關係人，也不知道該如何讓產品更有吸引力，他們也不了解產品如何幫助組織達成使命。Scrum 團隊如果不了解產品目的，該如何從所有潛在工作中區分出哪些才是真正重要的？相反地，他們會過於專注在產品的技術細節，而不是了解為什麼這些工作很重要。許多喪屍 Scrum 團隊努力工作卻一事無成，有如喪屍般毫無目標且步履蹣跚。

需要注意的徵兆：

- 當（包括 Product Owner 在內）被問到「這個產品是為了⋯⋯而存在」，沒有人能給出有用的答案。

- 當你從團隊的任務板上選取任何一個工作項目時，團隊中沒有人能夠清楚解釋為什麼該項目對利害關係人很重要，以及該項目可以解決什麼問題，只會得到「利害關係人告訴我們要這樣做」這個答案。

- 在團隊工作的環境中，任何與產品願景或目標有關的工件（artifact）都沒有出現，或者甚至連產品都沒提到。

- Product Owner 很少或從未對建議加入產品待辦清單的項目說「不」，產品待辦清單非常冗長且持續增長。

- Sprint 目標要麼完全被忽略，要麼完全沒有提及它為何對利害關係人是有價值的。

- 當詢問 Product Owner 時，Product Owner 無法以「首先，我們透過做⋯⋯來交付價值，接著⋯⋯，這樣我們就能⋯⋯」的方式來說明產品待辦清單中的項目該如何排序。

Product Owner 角色的存在是為了根據利害關係人的回饋與環境變化，持續做出與產品相關的決策。許多不同的選擇，例如想法、建議和機會都會出現。Product Owner 通常會提出這些問題：

- 這是否符合產品的目的或願景？
- 這是否符合我們組織的使命？
- 這是否符合大多數利害關係人的需求？
- 這是否足夠完整且可以執行，又不致於太複雜而混亂產品？

當 Product Owner 試圖在每個選項所產出的價值上取得預算與時間的平衡時，Product Owner 應該對上述這些問題大聲說「不」。這些決策都很艱難，而且可能會讓提出這些選項的人感到失望。但是 Product Owner 跟 Scrum 團隊怎麼能在不清楚產品目的的情況下做出這些艱難的決策？

產品的目的或願景不必花俏或非常有創意，但必須說明它目前主要是解決利害關係人的哪些需求。然後，產品策略必須描述解決這些需求的順序，以及實現目標所需的工作。當然，目的或願景都會隨著產品開發過程中出現新的見解而不斷調整與精煉，但它們可作為一個衡量標準，以決定哪些事項應該包含在產品中。

如果沒有目的或策略，Scrum 團隊最終會陷入一切皆可行的開發模式，所有的工作都變得同等重要（或不重要），最終你會得到一個龐大且持續增長的產品待辦清單。更糟糕的是，你將在龐大且繁複的產品上浪費許多時間與金錢，而這樣的產品終將被利害關係人摒棄，因為他們偏好更簡潔的方案。

當試以下實驗來改善你的團隊（請參閱第 6 章）：

- 表達想要的成果，而不是需要完成的工作。

- 開始利害關係人探索活動（stakeholder treasure hunt）。

- 限制產品待辦清單的最大長度。

- 在生態循環圖（ecocycle）上標示對應的產品待辦清單。

- 將產品目的布置在團隊的工作環境中。

我們對利害關係人的需求做出假設

本書的其中一位作者曾在某間中型公司擔任教練，該公司的 CEO 自豪地吹噓自己比利害關係人更了解他們的需求。對他來說，讓利害關係人參與並不重要。但諷刺的是，該公司由於競爭對手有更多的創新解決方案而流失了市占率。

在喪屍 Scrum 的組織中，我們經常聽到這種論點：「我們知道人們想要什麼，所以我們會發布他們喜愛的產品。」

需要注意的徵兆：

- 團隊沒有花時間探討有哪些方法、工具及技術可以驗證他們與利害關係人的合作。

- 團隊從未想過在 Sprint 中測試那些能幫助利害關係人（或增加更多價值）的假設。

- 每當利害關係人參與 Sprint 或 Sprint 審查會議時，也只是被告知團隊完成了什麼。他們沒有被邀請實際體驗該產品。

- 儘管新功能最初廣受好評與厚望，但在發布後卻黯然失色，未能取得成功。

完全不與利害關係人接觸的 Product Owner 通常會做出這樣的言論，因為他們更依賴自己的直覺與假設。但這樣的態度忽視了產品開發的複雜性，因為他們做了以下三個錯誤假設：

- 你完全了解你的利害關係人要使用該產品來解決什麼類型的問題。

- 你曾認為有幫助的事情並沒有改變。

- 讓利害關係人參與並不能幫助你比現在更加成功。

產品是否有效的程度只能由利害關係人決定。知道他們是否願意購買產品的唯一方式，就是當他們花錢或是花時間使用你的產品時。Scrum 框架的設計就是用來幫助你在開發過程中驗證這些假設，如果不善加利用，許多風險將接踵而至。

Sprint 審查會議是體現此觀點的好範例。當 Product Owner 或整個 Scrum 團隊相信他們很清楚利害關係人想要什麼，就沒有讓利害關係人參與的必要了。而當利害關係人真的出現時，也只是告訴他們發生了什麼，而不是讓他們實際驗證所交付的工作是否實用。

無論你為哪種組織工作或在哪種環境中工作，你都沒有理由不去驗證你所花費的時間與金錢是否值得。請與團隊一起頻繁地進行驗證，並移除或調整任何會阻止或妨礙團隊驗證的事情。

當試以下實驗來改善你的團隊（請參閱第 6 章）：

- 邀請利害關係人參與「回饋派對」（feedback party）。

- 為利害關係人提供靠近 Scrum 團隊的辦公桌。

- 游擊測試（guerrilla testing）。

- 踏上使用者探索之旅。

- 開始利害關係人探索活動。

我們讓開發人員與利害關係人之間產生距離

如果我們向那些沒有與實際使用者接觸的各個喪屍 Scrum 團隊收取一分錢，我們早就可以買 Brain X-Tractor 3000 了[1]。對於團隊來說，利害關係人通常是向團隊提出需求的人，這些人通常是前任專案經理、商業分析師、部門主管或是公司中的某特定人物。然而，當你更深入了解此需求關係鏈時，通常會發現被標記為利害關係人的這群人，竟然距離實際使用產品的人還有四、五步之遙。他們沒有親身經歷這些正在解決中的問題，他們只不過是一個在一長串的需求環節中傳遞資訊的環節（請參閱圖 5.1）。

---

[1] 譯者註：「Brain X-Tractor 3000」是一個笑梗，指的是以某種瘋狂科學家為主角的喪屍電影。
這句話是一種隱喻：世界上有如此多的喪屍 Scrum 團隊，如果我們向每個人收取一分錢，那我們早就很富有了。

需要注意的徵兆：

- 關於「內部利害關係人」與他們需求的討論有很多，但關於實際產品使用者（「真正的」利害關係人）的討論卻很少。

- 真正使用產品來解決問題的使用者從不參加 Sprint 審查會議。相反地，Sprint 審查會議是由與產品有利害關係的組織內部人員參加，例如：產品經理、銷售與行銷人員或執行長。

- 當你向開發團隊的某位成員詢問：誰是真正的使用者或是誰將會使用該產品，你得到的回答只有每個人的空洞眼神。

這個需求關係鏈有它的優點。它在依職能角色分工的組織裡是合理的，因為它清楚定義哪個職能角色需要負責哪些類型的風險。此外，溝通的方式、時間及角色也相對可預測且標準化。但它也存在很大的缺點，在處理問題不明確且沒有現成解決方案的工作時尤其明顯。在這種情況下，你必須找出兩邊的解決方法。為了實現「共同探索」，遇到問題的人與解決問題的人必須經常協作。

如果這個需求關係鏈是由組織執行，組織通常會積極阻礙這種協作。這是因為需求關係鏈中的每個人可能都需要為其他專案或其他利害關係人做更多的事。利害關係人與開發人員之間不斷傳遞回饋、想法及訊息，以至於產生過多的負擔。最後演變成這些回饋被分配到每月或每季的會議中，或者甚至不鼓勵人們提出回饋。於是，這些組織的內部形成職能「穀倉」（silo），讓產品使用者與開發人員之間產生距離。無論進行任何形式的 Sprint 審查會議，結果都是參與者無法對產品的使用者體驗提供任何有意義的回饋。就算在單子上方打勾、更新文件，但與會者並沒有對產品的可用性提出任何洞見，也沒有討論未來的發展方向。經歷幾個 Sprint 之後，交付了一些價值有問題的項目。然而，團隊對於自身表現充滿信心，因為他們所謂的利害關係人很高興事情都按照他們的計畫進行。

圖 5.1　「傳話遊戲」會破壞傳統組織中的溝通，因為產品使用者與開發人員之間有許多「關卡」

嘗試以下實驗來改善你的團隊（請參閱第 6 章）：

- 為利害關係人提供靠近 Scrum 團隊的辦公桌。
- 使用利害關係人距離指標（stakeholder distance metric）建立透明性。
- 踏上使用者探索之旅。
- 游擊測試。

我們將業務部門與 IT 部門當作兩個不相關的部門

導致喪屍 Scrum 的一個重要原因，就是許多組織在「業務部門」與「資訊科技（以下簡稱 IT）部門」之間劃分界限。「IT 人員」通常是擁有軟體與硬體知識背景的人，例如測試人員、開發人員、支援人員、架構師以及 IT 經理。另一方面，「業務人員」則是從事銷售、行銷或管理等工作的人（請參閱圖 5.2）。他們經常充當「內部利害關係人」，以便協助真正的外部利害關係人實現需求。

需要注意的徵兆：

- 人們通常將「業務部門」與「IT 部門」視為互不相關的部門，或者對他們有不同的看法。
- 有許多負面的八卦，例如人們抱怨「IT 部門永遠無法完成任何事」或是「業務部門總是要求趕快完成事情」。
- 「IT 人員」與「業務人員」總是在不同的部門，甚至在不同的大樓中工作。

根據他們的職能角色與各自所負責的風險事項,「業務部門」與「IT部門」通常透過合約與文件進行「協作」。在成本與需求的艱難談判過程中,真正的利害關係人被遺忘,組織內部產生了明顯的分裂,你會開始聽到諸如「如果你想把事做完,不要跟IT人員打交道」與「業務人員總是改變主意」的言論。

圖 5.2 業務部門與 IT 部門身在同一家公司,但某種程度是各處於兩個世界

這種將「IT部門」與「業務部門」分開的作法會導致 Scrum 團隊更加關注組織的「內部利害關係人」的需求,而不是組織的客戶與產品使用者的需求,並使「業務部門」認為他們是產品的客戶,能代表真正的客戶購買產品。另一個結果是「業務部門」與「IT部門」之間強烈地互不信任,這導致了更艱難的協商與更繁雜的合約協議。由於整個過程非常冗長,重要的商機也會因為人們停止付出而錯失。

Marc Andreessen 在 2011 年提到「軟體正在吞噬這個世界」[2]。他觀察到越來越多的組織,無論行業別為何,都需要仰賴軟體來執行其主要流程,以保持其競爭力。這使得「IT部門」與「業務部門」之間的區別顯得毫無意義,就像在爭論解決難題需要的是大腦還是智慧一樣,這兩者你都需要。

---

[2]　Andreessen, M. 2011. "Why Software Is Eating the World." Wall Street Journal, August 20. Retrieved on May 27, 2020, from https://www.wsj.com/articles/SB10001424053111903480904576 512250915629460.

不幸的是，採用喪屍 Scrum 方法的組織仍然堅持這種毫無意義的區別，這個觀點會妨礙他們向真正的利害關係人提供價值。

> 嘗試以下實驗來改善你的團隊（請參閱第 6 章）：
>
> - 為利害關係人提供靠近 Scrum 團隊的辦公桌。
> - 使用利害關係人距離指標建立透明性。
> - 踏上使用者探索之旅。
> - 開始利害關係人探索活動。

我們不允許 Product Owners 擁有產品的主導權

在喪屍 Scrum 的組織中，Product Owner 只有將需求轉換成產品待辦清單的項目，對於決定內容或順序並沒有太多的發言權。他們只扮演「接單者」角色，沒有實際的主導權或授權（請參閱圖 5.3）。每當產品待辦清單的排序或內容需要調整時，他們要麼完全不做決策，要麼必須遵照組織高層的指示。

> 需要注意的徵兆：
>
> - 在 Sprint 審查會議，Product Owner 只負責蒐集寫著回饋的便利貼，而這些回饋將由他人決定是否可以實施。
> - 當開發團隊認為產品已經可以發布，Product Owner 還是需要取得層層許可，這導致在 Sprint 期間無法進行多次的發布。
> - 當被問及時，Product Owner 完全不清楚 Sprint 的成果產生了多少實際價值。

這種缺乏自主權的情況令人匪夷所思，因為 Scrum 指南中提到「Product Owner 的責任是把開發團隊打造的產品價值最大化」。[3] 當 Product Owner 不積極決定產品待辦清單的內容與排序，他們就更不可能實現價值最大化。相反地，他們還將重點轉移到儘可能完成更多的工作。不幸的是，與投入的資金與精力相比，大多數工作的價值都讓人難以理解。

圖 5.3　當 Product Owner 扮演「接單者」角色時，他們從利害關係人接收到需求後，會不假思索地轉移給開發團隊

如果 Product Owner 能稱職扮演被賦予的角色，他們就會變成「下單者」。他們若想把事情做好，就應該從潛在利害關係人的眾多需求中過濾出有用且有價值的產品。產品本身的預算與時間有限，Product Owner 必須與利害關係人密切合作來決定需求的重要程度。如果沒有充分授權，他們將無法做出決定，或是導致浪費太多時間在奔波於組織層級與內部政策。當 Product Owner 成為「下單者」，他們才能讓未完成的工作最大化。

3　Sutherland, J. K., and K. Schwaber. 2017. The Scrum Guide. Retrieved on May 26, 2020, from https://www.scrumguides.org.

> 嘗試以下實驗來改善你的團隊（請參閱第 6 章）：
>
> - 限制產品待辦清單的最大長度。
>
> - 在生態循環圖上繪製你的產品待辦清單。

我們衡量的是產出而不是價值

目前為止，造成喪屍 Scrum 其中的一個潛在的根本原因，就是只專注於完成更多的工作（產出），而不去評估這些工作帶給利害關係人的價值（成果）。這種症狀也會表現在 Scrum 團隊報告其工作的方式中，並且經常被放大。

> 需要注意的徵兆：
>
> - Scrum 團隊的報告指標是完成了多少工作，例如：速度、完成的項目數量及修復的程式錯誤量。
>
> - Scrum 團隊使用的指標都無法反應所完成的工作價值，例如：品質或績效提升，或是利害關係人對於這項工作的評價。
>
> - Scrum 團隊的產出經常被其他人拿來比較，而且（明示或暗示地）被告知要更加努力工作。

如果你是站在安排工作這種指導學的角度來想，這種對產出的關注就很合理。當組織按照職能角色設計工作時，他們通常希望透過這些角色來衡量工作的完成情況。銷售部門找到多少潛在客戶？專案經理準時交付了多少專案？以及支援部門處理多少來電？對 Scrum 團隊而言，這意味著他們可以在一定時間內完成多少工作。

報告的目的是藉由調整各個元件（人員、團隊、部門）的效率，進而提升整個組織的效率。這裡的假設是，當單一元件變得更有效率時，整個系統的效率就會提升。儘管這可能適用於可預測的且遵循操作手冊的工作環境，例如：生產線與製作流程，但它不適用於需要大量協作才能交付價值的複雜環境。

在複雜的環境中，過度專注於每個元件（人員或團隊）的效率，實際上反而會降低整體產出，因為這會讓每個元件忙得不可開交，因而減少了與組織內部以及利害關係人的協作。在第 9 章，我們將分享更多有用的指標。

> 當試以下實驗來改善你的團隊（請參閱第 6 章）：
>
> - 將產品目的布置在團隊的工作環境中。
> - 限制產品待辦清單的最大長度。
> - 表達想要的成果，而不是需要完成的工作。

我們認為開發人員只需要撰寫程式碼

在喪屍 Scrum 中，開發人員通常被鼓勵要專注在撰寫程式，而其他人則負責與利害關係人協作。或者是開發人員本身也抱持著「我只是來寫程式」的心態，其他事情都是浪費時間（請參閱圖 5.4）。

需要注意的徵兆：

- 開發人員不參加 Scrum 事件或其他聚會，因為這會佔用他們撰寫程式的時間。

- 開發人員被認定缺乏與利害關係人溝通所需的社交技巧。

- 開發人員的職務說明只提到所需的技術能力，卻沒有提到需要與利害關係人一起創造有價值的產品。

這種將工作與服務對象脫節的態度，對於依照職能角色規劃工作的組織來說是符合邏輯的。招募開發人員的標準完全只取決於他們的撰寫程式能力，能否與利害關係人順利合作沒有被列在職務內容。然而，當你從事像開發產品這類複雜的事情時，你需要的正是這種協作能力。

圖 5.4　這種「我只是來寫程式」的態度，是一個能避免處理真正利害關係人的挫敗感的好方法

「我只是來寫程式」是一種內心深處容許喪屍 Scrum 的態度。它鼓勵人們拒絕承受任何超出工作職責的任務，它也將開發人員和其他角色描繪成無法與利害關係人溝通的刻板印象。

敏捷軟體開發將開發人員的職責從撰寫程式轉變為與利害關係人合作來解決複雜問題。這同樣適用於其他專業領域，像是 UI/UX 專家、系統架構師、資料庫管理員等。團隊不再只專注於個人角色的職責，而是成為一個為產品負責的整體團隊。

當試以下實驗來改善你的團隊（請參閱第 6 章）：

- 踏上使用者探索之旅。

- 邀請利害關係人參與「回饋派對」。

- 為利害關係人提供靠近 Scrum 團隊的辦公桌。

利害關係人不想參與

Scrum 團隊有時會因為不想打擾利害關係人而避免與他們互動。這裡的重要假設是，提出問題會被視為不專業且缺乏經驗，或是會浪費利害關係人的寶貴時間。有時候利害關係人也會有類似的想法：「你們是專業人士，你們可以自己解決」。

需要注意的徵兆：

- 利害關係人總是抽不出時間參加 Sprint 審查會議。

- 初步提出需求說明之後，客戶公開質疑他們為什麼必須參與開發過程。

- 當開發團隊成員要求解釋或對功能有疑問時，利害關係人會請他們參考規格文件。

本書的其中一位作者曾經參加一個啟動會議，其中一位關鍵利害關係人是專案的業主，他表示他不需要參與這個專屬的客製化產品開發過程。他認為他已經向 Product Owner 清楚說明情況，並期待得到滿意的結果。而 Scrum 團隊聰明地回問了這些問題：「是什麼讓你確定你描述的產品能讓你的其他利害關係人滿意？」、「你有多大的把握認為我們現在想的方案是最好的方案？」，以及「你是否會排除在開發過程中出現更有價值的新想法？」。作為實驗，那位利害關係人同意參加前三次的 Sprint 審查會議。雖然前兩次 Sprint 審查會議沒有帶來驚人的變化，但第三次 Sprint 審查會議卻產生了一個全新的功能，而且被推到產品待辦清單的頂端。這也讓利害關係人相信，參與其中具有極大的價值。

Scrum 團隊能說服利害關係人的原因是團隊能在每個 Sprint 交付完成且可發布的增量。因為每個 Sprint 都能提供價值，所以利害關係人從一開始被 Scrum 團隊要求出席會議，轉變成自願出席，因為他發覺他能從投資中獲得更多的價值。每次 Sprint 審查會議都能讓他有機會增加新想法、與團隊一起進行修正、隨時了解要發布什麼內容、何時發布。在接下來的 Sprint 中，越來越多的利害關係人，其中包含許多使用者，都因為相同的原因開始參加 Sprint 審查會議。

不幸的是，深陷喪屍 Scrum 的團隊通常在 Sprint 結束時沒有太多能展示的成果。即使他們有一個「已完成」的增量，卻仍然需要數月的時間才能將他們的工作投入量產。在這樣的延誤下，誰能責怪利害關係人認為沒有出席的必要？所有的急迫感都消失了，因為他們必須等很久才能看到他們的影響展示在成果中。因此可以理解為什麼他們更傾向於等到即將發布時，或甚至在發布之後才提供回饋。

產品開發的複雜性在於問題與解決方案很模糊。正如範例所提到的，這種現實狀況需要 Scrum 團隊更好地解釋這種協作方式能獲得什麼效益。反過來，這種方式只有在 Scrum 團隊能對利害關係人的回饋做出快速回應時才能奏效。如果利害關係人很難抽出時間參加，這時可能需要採取務實的解

決方案,例如:在利害關係人所在的地點進行 Sprint 審查會議,或是邀請他們加入電話會議。

> 嘗試以下實驗來改善你的團隊(請參閱第 6 章):
>
> - 為利害關係人提供靠近 Scrum 團隊的辦公桌。
> - 表達想要的成果,而不是需要完成的工作。
> - 開始利害關係人探索活動。
> - 游擊測試。

健康的 Scrum

正如我們在本章中看到的,在喪屍 Scrum 環境中運作的 Scrum 團隊並不了解他們的利害關係人,也不知道什麼對他們是有價值的。當組織按照職能角色設計工作,並關注這些角色完成工作的效率時,就會產生距離。相反地,健康的 Scrum 團隊更關注他們工作的有效性,也就是說,他們的工作能為利害關係人與他們的組織帶來多少價值。如果沒有跟真正的利害關係人進行密切且頻繁的協作,他們就無法做到這一點。

誰應該了解利害關係人?

在傳統的組織結構中,利害關係人的連絡人可能是產品經理或銷售人員。當這些組織轉換到 Scrum 框架時,他們通常會讓 Product Owner 與利害關係人聯繫,但這會讓彼此錯失協作探索新事物的機會。

了解利害關係人是整個 Scrum 團隊都應該參與的事。雖然 Product Owner 會花比較多的時間與利害關係人群體溝通,並確認產品的需求與順序,但開發團隊也應該參與討論。

我們想說明的是，Product Owner 的角色就是不斷去確認利害關係人認為什麼是有價值。與其將這些價值判斷轉換成開發團隊需要的規格文件，Product Owner 要做的是建立一份產品待辦清單，一份未來能讓開發團隊、Product Owner 及相關利害關係人之間進行對話的清單。特別是產品待辦清單頂端的項目都應該要盡快進行對話，而其他項目則可以晚一點進行。

無論何種情況，每一次的對話都會對所需工作進行某種程度的精煉，並可能導致產品待辦清單或是優先順序的改變。這些資訊可以是畫在白板上的工作流程、寫在紙上的筆記、記錄在工具上的詳盡說明，或是保留在與會者腦海中的記憶。但最重要的是，唯有開發人員與利害關係人共同協作才能創造出最好的產品。所有阻礙這個互動的事物都必須移除。這裡的目的並不是製作規格文件，而是進行對話。

這個方法讓 Product Owner 更像是一位在開發團隊與利害關係人之間的引導者。若沒有 Product Owner，無論他們有多優秀或多聰明，都只能理解各自領域的專業。相反地，Product Owner 能運用整個 Scrum 團隊的智慧來釐清需要什麼，如何完成，以及依照什麼順序完成。

何時讓利害關係人參與？

Scrum 團隊應在何時讓利害關係人參與？健康的 Scrum 團隊會利用不同的方式在不同的時機讓他們參與其中。

讓利害關係人參與產品目的發展過程

在本章中，我們說明了缺乏願景與目的將難以向利害關係人交付有價值的成果。從釐清目的開始是有其道理的。這是讓 Product Owner 將利害關係人與打造產品的相關人員的觀點匯集以建立明確性的絕佳機會。這個工作可以透過工作坊、高峰會或線上會議的方式來達成。雖然「釐清目的」聽

起來可能很複雜，但基本上可以將它概括為這兩個句子：「此產品存在的目的是⋯⋯」與「此產品的存在目的不是為了⋯⋯」。

考慮到產品開發的複雜性，隨著工作的進行與新機會的浮現，對於產品目的的理解隨著時間改變是很正常的。因此應該要定期調整產品目的。

讓利害關係人參與產品開發啟動會議

邀請利害關係人參與產品開發啟動會議是一個好方法，因為它可以在一開始就建立對價值的強烈關注。這樣做的目的是為了在產品開發人員、使用者、付費者或依賴產品的人之間奠定協作的基礎。因此，與其使用數十張投影片的 PowerPoint 進行報告，不如進行一個能讓彼此高度互動的會議。透過各種破冰遊戲讓與會者相互了解，並專注在人們對產品與彼此的期望。

讓利害關係人參與 Sprint 審查會議

邀請利害關係人參與的最明顯的時機就是 Sprint 審查會議。由 Product Owner 決定哪些人或哪些群體參與可以增加最多的價值。如果利害關係人的人數很多，請邀請具有代表性的人參與就好。此會議的目標是積極地讓利害關係人參與，不要只讓他們坐著聽你說明，而是要把滑鼠與鍵盤交給他們，讓他們使用新功能，並詢問這是否適合他們、他們希望看到什麼樣的改進，或者有什麼新想法。

Sprint 審查會議的目的不僅僅是為了展示新功能與蒐集回饋。Scrum 指南用了一句話來解釋該會議的目的：「Sprint 審查會議在 Sprint 結束時舉行以檢查增量，並在有必要時調整產品待辦清單。」[4] 這意味著 Sprint 審查會議是用來反思開發團隊已打造完成的工作與對未來 Sprint 影響的一個絕佳時機。在 Sprint 審查會議期間蒐集的回饋很可能會影響產品待辦清單的內容

---

[4]　Sutherland and Schwaber, The Scrum Guide.

或其排序方式。請善用這個機會來審查產品的新版本（也就是「增量」），以及審查產品待辦清單。

讓利害關係人參與產品待辦清單精煉會議

最優秀的廚師會使用一種名為準備工作（mise en place）的方法。這是一種在烹飪開始前將所有東西都備妥的工作。切好食材、削好肉片及調配醬料。所有材料都準備地井然有序，以方便取用。準備工作可以讓廚師在步調快的專業廚房環境中應對壓力，並專心準備美味的餐點。產品開發中的精煉就像烹飪中的準備工作，幫助我們為即將來臨的工作做好準備，並提升專注力。

精煉的其中一個例子是將大規模的工作拆解成小規模的工作。如果直接執行大規模的工作，我們有可能會發生預料之外的問題。我們可能會因此忽略了相依關係，程式碼的問題也可能會出現，這些事情需要花費更多的時間。規模越大的工作，風險也就越高。因此，將大規模工作拆解成多個小規模任務會是個好主意。

你可以在 Sprint 規劃會議時進行精煉。但這就像一名廚師需要在烹飪的同時進行切、剁及備料等工作，你很快就會發現這個方法的壓力太大而讓人疲憊不堪。它會分散 Sprint 規劃會議的目的：為下一個 Sprint 設定目標並選出必須進行的工作。相反地，你最好預先完成準備工作，並在目前的 Sprint 召開下一個 Sprint 精煉會議。先將前置作業完成，並專注於眼前的 Sprint，讓精煉在下個階段完成反而較好。當備料已齊全，Sprint 規劃會議就會越流暢且充滿活力。有些團隊會使用時間盒的形式進行「精煉工作坊」，並且讓整個團隊參加。也有團隊採用「三個好朋友會議」，由三位開發團隊的成員一起為即將進行的大型功能進行精煉。至於要如何進行，完全取決於你自己。

精煉會議是讓利害關係人參與的絕佳機會。為一個特定項目進行精煉時，你可以邀請相關的利害關係人參與精煉工作坊。或者你可以拜訪利害關係人以探詢他們的需求，一起將工作進行細分。

接下來呢？

在本章中，我們探討了利害關係人未能充分參與的最常見症狀與原因。少了利害關係人的加入，Scrum 框架就失去了意義，因為我們將無法確切了解什麼是有價值的。

你是否身處一個正在發生這種狀況的 Scrum 團隊或組織？別驚慌。下一章準備了許多的實務經驗與介入方法，讓你可以開始導入正軌。

實驗

「我們像歐洲黑暗時代的醫生，仍然用水蛭行醫？我們渴求偉大的科學。
我們渴望被證明我們是錯的。」

——Isaac Marion，
《體溫》

在本章中，你將會：

• 探索十個可以讓你了解利害關係人需求的實驗。

• 了解這些實驗對於在喪屍 Scrum 中生存有何影響。

• 找出如何進行每個實驗以及要注意的事項。

本章介紹的實驗能幫助 Scrum 團隊了解利害關係人的需求。有些實驗是為了更了解利害關係人的需求而特別設計,而其他實驗則是著重於找出有價值的項目。雖然實驗難度各不相同,但每個實驗都將使下一步驟更加順利。

實驗:了解你的利害關係人

你該如何幫助 Scrum 團隊更了解利害關係人的需求呢?接下來將會介紹三個簡單的實驗來讓你實現此目標。

進行利害關係人探索活動

與利害關係人進行任何互動之前,Scrum 團隊需要先找出誰是真正的利害關係人。這個實驗可以幫助喪屍 Scrum 團隊透過釐清產品目的來辨識出關心他們產品的人。這是與利害關係人互動的第一步。

投入／影響比

投入		找到真正的利害關係人需要時間。
對生存的影響		當團隊開始了解誰是他們的利害關係人時,向他們交付價值(以及復原)就會變得越來越容易。

步驟

召集你的團隊,並詢問以下問題以了解產品目的:

- 「我們正在開發什麼產品?為什麼這個產品必須存在?」

- 「如果我們停止開發此產品,會錯過什麼?」

- 「我們如何合理使用寶貴的時間、金錢及心力?」

有許多方法可以讓參與者加入此對話。針對這項特定的實驗,以及本書中的許多其他實驗,我們建議可以使用一或多個活化結構(liberating structure)。[1] 舉例來說,你可以使用「1-2-4- 全體」(1-2-4-All)。先請參與者在一分鐘內安靜思考問題,接著讓參與者兩人一組,花兩分鐘的時間討論問題,接著兩組合併再討論四分鐘。時間一到,要求每個四人小組向所有人分享他們的討論結果。你也可以使用其他的活化結構,例如「對話咖啡館」(conversation café)或「使用者體驗魚缸」(user experience fishbowl)。

當你成功釐清產品目的之後,請參考本章後面的「將產品目的布置在團隊的工作環境中」實驗,以充分讓產品目的發揮效果。現在你已經清楚理解產品目的,請提出以下問題來尋找利害關係人:

- 「誰是真正使用我們產品的人?」

- 「我們的產品能為誰帶來好處?」

- 「我們要解決誰的問題?」

- 「我們如何吸引這些人?」

回答這些問題對某些團隊來說很容易,但對其他團隊而言可能毫無頭緒。當團隊一無所知時,我們建議你向上追溯。詢問團隊:

- 「是誰告訴我們該做什麼?」

- 「是誰告訴他們該做什麼?」

- 「在這之前發生了什麼事?」

---

[1]　Lipmanowicz, H., and K. McCandless. 2014. The Surprising Power of Liberating Structures: Simple Rules to Unleash a Culture of Innovation. Liberating Structures Press. ASN: 978-0615975306.

一旦你成功辨識出利害關係人，就可以嘗試運用本書的其他實驗開始與利害關係人互動。本章的「為利害關係人提供靠近 Scrum 團隊的辦公桌」與「邀請利害關係人參與『回饋派對』」，以及第 8 章的「衡量利害關係人的滿意度」都是很好的選擇。

我們的發現

- 喪屍 Scrum 團隊往往對需求的來源所知甚少。當你提出上述問題時，他們很有可能只會聳聳肩、露出困惑的表情。你可以先從 Product Owner 開始詢問，看看你能問到多少。當你無法往下深入詢問時，也可以在組織內四處詢問。

- 當你開始與利害關係人互動時，有些人會敞開雙臂熱情地接納你。而其他的人則可能跟喪屍 Scrum 團隊一樣保持懷疑，而且看不到互動帶來的好處。你必須找到方法讓利害關係人了解，與開發團隊密切接觸可以為他們帶來好處。

透過利害關係人距離指標建立透明性

建立透明性是 Scrum Master 協助組織改善的其中一種最重要的方法。這個實驗的目的是在開發人員與利害關係人之間建立透明性（請參閱圖 6.1），並觀察實驗帶來的影響。

投入／影響比

投入		需要付出多少心力會取決於你組織的複雜程度。
對生存的影響		對嚴重的喪屍Scrum來說可能很痛苦，但卻能正中要害。

圖 6.1　定期衡量產品開發人員與使用者或付費者之間的距離，可以揭露許多關於敏捷性的障礙

步驟

你可以使用利害關係人距離指標（stakeholder distance metric）來估算你要向產品的真正付費者或積極使用者提問或取得回饋，中間必須經過（關卡）的人員、部門或角色的平均數量：

1. 從你的產品待辦清單中挑選一些能代表團隊工作類型的項目。

2. 一次選取一個項目，畫出一條你必須經手或獲得許可的人員、部門及角色的關係鏈，以便與實際的利害關係人（也就是正在積極使用產品或正在對其進行重大投資的人）測試此項目。

3. 針對各個關卡粗略估算所需要的時數或天數。

4. 對不同類型的項目重複進行估算，然後計算出平均的關卡次數與所需時間。此外，你還可以計算完成整個流程所花費的時間與金錢。

5. 將關卡數與所需時間清楚寫在所有人都能看到的大看板或面板上。如果要加強效果，你還可以在顯眼的窗戶或牆壁上定期重寫這些數字。

6. 與你的團隊討論此距離所帶來的結果。它如何影響團隊做正確事情的能力？有多少金錢與時間被浪費了？這個距離造成了什麼問題？

從喪屍 Scrum 中復原的團隊，將慢慢擺脫對利害關係人的恐懼。定期地重複計算利害關係人距離指標是追蹤復原程度的好方法。你可以在 Sprint 回顧會議中，使用此指標開啟如何盡力縮短距離的對話。本書中的許多實驗都能幫助你實現這一點。

我們的發現

- 指標本身沒有意義，但情境與對話能賦予它們意義。請確保整個團隊都參與此對話。你不應該使用指標來判斷、比較或評估不屬於你的團隊。

- 若要縮短與利害關係人的距離，你可能需要打破現有且極為複雜的產品開發流程。根據你在系統組織中的職位，你可能無法干預流程。儘管如此，你可以試著與使用者交流，並盡早參與需求的討論，以提高對問題的理解或規避此議題。

為利害關係人提供靠近 Scrum 團隊的辦公桌

與利害關係人保持距離是一個不讓他們參與的好藉口。而這個實驗就是要讓利害關係人的距離近到無法逃脫，以消除此藉口。這個方法就像是「遇療」（encounter therapy），它是取得進展最有效的方法之一。

投入／影響比

投入		設置辦公桌並邀請利害關係人並不難，但要讓他們使用辦公桌可能要花費不少功夫。
對生存的影響		這個小實驗會帶來巨大的影響。

步驟

要嘗試此實驗，請執行以下步驟：

1. 在你的 Scrum 團隊附近設置一張辦公桌，讓一或多位利害關係人可以在此舒適地進行自己的工作。放點糖果會有幫助！

2. 邀請一或多位利害關係人有空就來使用這張辦公桌，並與 Scrum 團隊交流。邀請那些積極使用產品或對產品進行重大投資的利害關係人。安排簡短的活動來讓彼此相互了解，並說明這個實驗的目的。

3. 如果有幫助的話，可以與利害關係人一起制定出席的時程表，並將其放在 Scrum 團隊清楚可見的地方。如此一來在工作安排上也有助於平衡焦點與互動。

4. 觀察接下來會發生什麼事情。

當利害關係人與團隊不習慣這種緊密接觸時，感到尷尬是很正常的。如果這種接觸無法自然形成，請為團隊與利害關係人建立適當的連結。鼓勵團隊與利害關係人一起測試假設，例如新的設計或是正在開發中的功能，或是邀請利害關係人一起精煉下一個 Sprint 的工作。

這是一個很好的實驗，可以幫助大家了解產品開發的複雜性。在 Sprint 期間，你肯定會遇到許多意想不到的問題。讓利害關係人參與可以讓你更快解決這些問題，同時也可以讓利害關係人更加體會他們參與所提供的價值。

我們的發現

- 有些利害關係人認為自己在 Scrum 團隊進行工作時的貢獻很少。因此當提出需求之後，他們會傾向於等待到產品完工。在這種情況下，可以邀請利害關係人參與一或兩個 Sprint，之後再決定他們的加入是否有幫助，以及是否需要繼續參與。

- 這是一個一起慶祝小成功的絕佳機會。請留意這些時刻，只要能一起吃午餐就已經是很大的幫助。

- 你可以透過為利害關係人提供一張靠近 Scrum 團隊的辦公桌，輕鬆地拋出此實驗。本書的其中兩位作者曾在不同的情況下與他們的 Scrum 團隊安排在客戶現場工作一段時間。除了能更容易接觸利害關係人，單純只是共享一台咖啡機、慶祝同一天生日及一起吃午餐，都創造了高效的工作環境。

將產品目的布置在團隊的工作環境中

喪屍 Scrum 團隊往往出現在缺乏提醒他們目的不僅是「完成所有工作」或「撰寫大量程式碼」的環境中。邁向復原的第一步是改變環境，以表明並釐清目的。

投入／影響比

投入		蒐集布置用品並不困難，但要創造一個清晰、明確且引人注目的產品目的可能要花費更多心力。
對生存的影響		此實驗可以觸發有意義的討論、加速決策制定及提高專注力。

步驟

要嘗試此實驗，請執行以下步驟：

1. 考量到這是團隊的工作環境，因此你必須與他們一起進行實驗。讓團隊自己決定如何進行，如果他們沒有行動，你可以主動帶領他們。這也是鼓勵 Product Owner 發揮領導的絕佳機會。

2. 如果你的產品還沒有明確的目的聲明，你可以使用本章中的其他實驗來開始解釋它（例如「開始利害關係人探索活動」）。目的聲明不需要非常出色，並且可以隨著時間來逐步精煉。

3. 當你將產品目的展示在團隊房間之後，你可以開始在與團隊的日常交流中偶爾提及它：「產品待辦清單中的這個項目可以如何幫助我們實現此目的？」、「如果我們牢記產品目的，有哪些是我們應該放棄的？」以及「考量到我們的產品目的，下一步該怎麼走？」

有很多方式可以將產品目的布置在團隊的工作環境中：

- 訂購印有產品目的的咖啡杯。

- 訂購筆記型電腦的貼紙、易拉展示架、派對旗幟、按鈕或是你的團隊喜歡且能夠展現產品目的的其他素材。

- 將產品的目的聲明（「此產品的存在是為了……」）寫在展示架上，並且放置在 Sprint 待辦清單或 Scrum 板的上方或下方。

- 建立一座「使用者心聲」牆面，貼上真實使用者的照片，以及產品能為他們實現哪些成果的引述。

- 選擇一個可以展現產品目的的團隊名稱或激勵人心的座右銘。

我們的發現

- 在嚴重的喪屍 Scrum 環境中，「目的」只是一個詞彙，這些實驗可能會讓人們皺眉認為「不必要」或「荒謬」。請堅持，因為即使是最憤世嫉俗的成員也會開始欣賞這些裝飾、視覺效果或其他的布置用品。

- 一個好的目的聲明應該要掌握使用者重視產品的原因。它能為使用者進行哪些簡化、改進、啟用或優化？它有什麼價值？像是「此產品的存在是為了處理臨時工的工時紀錄卡」的陳述僅僅只描述了產品功能，卻沒有說明理由。這樣的陳述無法充分指引團隊以使用者為依據來決定要加

入哪些功能。更好的陳述方式應該是：「該產品的存在是為了減少臨時工花在輸入工時紀錄卡的時間，並減少管理者驗證紀錄卡的時間。」

實驗：讓利害關係人參與產品開發

沒有利害關係人參與的 Scrum 就像一輛沒有駕駛員的賽車。它可能看起來令人難以置信，速度非常快，但如果沒有人操作引導，它就無法帶你到任何特定地方。讓利害關係人參與並不總是那麼容易，本節提供三個實驗，讓你能用新穎且有創意的方式讓他們參與其中。

邀請利害關係人參加「回饋派對」

利害關係人是否經常缺席或躲避你的 Sprint 審查會議？或者你的 Sprint 審查會議通常以靜態的方式展示，而且底下的與會者也一片沉默？優秀的 Sprint 審查會議是向在場的人蒐集回饋與驗證假設。這個實驗的目的是邀請利害關係人參加下一個 Sprint 審查會議，並透過他們來蒐集有價值的回饋（請參閱圖 6.2）。這個實驗是基於活化結構的「轉化與分享」。[2]

投入／影響比

投入		一開始只邀請少數幾位利害關係人以降低投入的程度。你可以邀請更多的利害關係人來創造更大的影響力，但這需要更多的投入。
對生存的影響		當Sprint審查會議推動並開始達成目的，這項實驗可能會帶來巨大變化。

2　Lipmanowicz and McCandless, The Surprising Power of Liberating Structures.

步驟

要嘗試此實驗，請執行以下步驟：

1. 與你的 Product Owner 一起判斷，哪些利害關係人最有可能對團隊進行的 Sprint 目標與為其選定的工作提出意見與回饋。邀請他們參加下一次的 Sprint 審查會議，如果有必要，可以提供蛋糕與咖啡來吸引他們。

2. 在 Sprint 審查會議前，請和 Scrum 團隊一起進行準備工作。一起從產品待辦清單中找出 5 ～ 7 個團隊希望能獲得回饋的功能或項目。針對每個功能或項目設置一個工作站──包含附上資訊的活頁掛紙、筆記型電腦、平板電腦或桌上型電腦，並確保每個工作站有一到兩名團隊成員在一旁擔任「站長」，並為每個工作站提供便利貼或明信片，以便寫下回饋。

3. 在 Sprint 審查會議開始時，歡迎利害關係人的加入，並確保你有再次強調為什麼他們的加入能帶來幫助。接著介紹各個工作站，並向利害關係人說明他們將在短短的十分鐘內「拜訪」各個站點。在每個工作站，利害關係人有機會試用產品，並可對增量的各個面向提出回饋。

4. 邀請所有的站長簡單介紹他們工作站的內容。然後將所有人平均地分散到各個工作站。每輪進行十分鐘，全部的參與者依照順時鐘方向參觀各個工作站。「站長」要做的不是展示新功能，而是邀請利害關係人自行操作筆記型電腦、平板電腦或桌上型電腦，並在給予最少指導的情況下讓他們體驗新功能。

5. 當所有參與者參觀完全部的工作站，邀請在場的每個人靜默片刻，並思考以下問題：「根據我們所看到的，我們的下一步行動是什麼？」。一分鐘之後，邀請參與者兩人一組分享他們的想法，並提供他們幾分鐘時間。然後請兩人小組合併成四人小組，並在五分鐘內構思他們的想法。最後與所有參與者一起進行總結，並記錄最重要的想法。

6. 如果利害關係人有時間，你可以更深入地探討後續的步驟與他們的回饋。如果他們沒有時間，那麼這是 Product Owner 與團隊感謝利害關係人抽出時間參與的好機會，並藉此邀請他們參加下一次的 Sprint 審查會議。與 Scrum 團隊一起將回饋轉化成具體的項目與下一次的 Sprint 潛在目標。

我們的發現

- 堅持輕鬆、非正式的方式，並享受其中的樂趣。你將會發現使用者可能很快就會為了找不到某項功能或造成錯誤而道歉（例如「對不起，我不是故意要弄壞它的！」）。雖然這類問題顯示了產品的缺點，但如果使用者找不到解決方法時，他們往往會感到「愚蠢」或「遲鈍」，特別是有其他人在一旁觀看。

- 如果你是第一次進行這樣的實驗，可能會遇到一些尷尬的狀況。但請堅持繼續用這種方式進行 Sprint 審查會議，你將會發現，當利害關係人看到自己的回饋整合到產品當中，他們會漸漸變得更加投入。

踏上使用者探索之旅

這項實驗的目的是為了幫助 Scrum 團隊藉由與使用者交流來了解他們以及他們所面臨的挑戰。這不僅可以讓開發人員更好地了解產品的使用環境與使用者，也可以幫助開發團隊明白他們工作的目的。

投入／影響比

投入		拜訪一位使用者僅需要花費一點心力。你可以拜訪更多使用者來增加影響力，但同時也要付出更多心力。
對生存的影響		如果你以前沒有這麼做過，那麼這個實驗將可能會澈底改變開發團隊對產品與使用者的了解。

步驟

要嘗試此實驗，請執行以下步驟：

1. 與 Product Owner 合作，選出一個或多個你們可能會找到（許多）使用團隊產品的使用者的地點。舉例來說，如果你的團隊正在開發鐵路交通管理產品，就去拜訪鐵路中央控制室的作業人員。

2. 藉由找出你想從利害關係人身上與其環境了解哪些資訊，來與 Scrum 團隊準備踏上使用者探索之旅。你能從中觀察到什麼？你能夠提出什麼問題？你還要決定如何記錄這些觀察。你打算寫筆記？錄音或是錄影？

3. 當你在使用者所處的環境中，最好是以兩人一組來行動，避免讓使用者有壓力。鼓勵兩人一組來觀察使用者在使用產品時的互動，並不時溫和地提出一些開放式問題。為了獲得更多的見解，你可以請使用者口述他們正在進行或是想要的使用步驟，以及他們期待使用時能帶來什麼結果。

4. 當你完成觀察與記錄後，召集整個 Scrum 團隊，並分享你注意到的情況。有哪些事情讓團隊感到驚訝？出現了哪些新想法或是改善事項？將這些想法都記錄到產品待辦清單。

以下是一些關於詢問或觀察的小技巧：

- 觀察人們使用何種設備瀏覽產品。

- 觀察使用者的操作環境。

- 詢問「這個功能如何幫助你的日常工作？」

- 詢問「我們可以做些什麼，讓你能夠輕鬆使用這項產品？」

- 詢問「如果我們必須澈底地從零開始打造這個產品，你希望我們先恢復哪個功能？」

我們的發現

- 有些使用者可能不願意讓開發人員觀察。如果有必要,請事先就時間盒與特定的工作協議達成一致,並且清楚說明他們的回饋能如何讓產品——以及他們的工作——更加容易。

- 有些人比其他人更善於表達批評意見,所以請讓你的開發團隊準備好面對使用者對他們工作的評論。這可以避免讓開發團隊變得灰心喪志或自我防衛,並且敞開心胸探討批評。當挑剔的使用者發現他們的意見被傾聽時,他們就會成為你最有力的支持者。

真實經驗:微小的發現,意外獲得大量的回饋

以下是本書其中一位作者的親身經歷:

我們帶著四位開發人員前往一個有大量排班人員的場所,他們就是我們的使用者。我們在現場很快就注意到環境非常嘈雜與混亂。有響不停的電話聲,人們大聲詢問有沒有臨時工可以派遣,還有人走進來問問題。我們發現了一個關鍵問題,當排班人員講電話時會將電話夾在頭與肩膀之間,同時使用我們的產品來更改臨時工的班表。將電話夾在頭與肩膀之間,代表排班人員的頭是傾斜的,再加上排班人員使用的小螢幕,這讓閱讀文字與移動游標變得困難。回到辦公室後,我們迅速更新了應用程式,加大了字體並採用較大的按鈕。這是一個小改變,但卻真正提高了應用程式的可用性。

游擊測試

找到使用者並不容易。這個實驗的目的是藉由讓開發團隊離開辦公室,與真正及潛在的使用者近距離接觸,一起進行輕鬆有趣的使用者測試。

投入／影響比

投入		雖然這個實驗需要的投入相對較少，但如果開發團隊從未嘗試過，他們可能會有些擔心。
對生存的影響		如果是第一次進行此實驗，這將會為產品及其使用方式帶來新見解。

步驟

要嘗試此實驗，請執行以下步驟：

1. 與開發團隊一起選出一些產品待辦清單項目或是你們想測試的假設。這些可以是可用的軟體、紙本原型或設計等任意形式。

2. 前往可能會遇到真正使用者的地方。如果你的產品是供內部使用，這些地點可以是餐廳或是公司內部的會議室。如果有外部使用者，可以前往使用者常出現的地點、咖啡廳或公園尋找他們。有些組織則可能在公共等候區找到大量的潛在使用者。

3. 攜帶筆記型電腦，兩人一組四處走動，詢問使用者是否能騰出幾分鐘幫助你改善產品。最好的回饋來自於目標導向的行為。請使用者執行特定的行為或達成特定的目標，記錄任何觀察或回饋。若使用者不介意，你甚至可以將過程錄製下來。反覆進行這個步驟以蒐集不同使用者的回饋，這也是了解誰是你的使用者、使用者想要什麼的好方法。

4. 定期召集整個 Scrum 團隊，分享彼此的發現，讓大家盡情分享他們的興奮與新發現，共同探討令人驚訝的事情、浮現的新想法或是改善措施，以及其他該注意的地方。可以視需要重複進行測試。

我們的發現

- 如果你是第一次進行，想必開發團隊會感到緊張，讓兩人一組是互相支援的好方法，你也可以進行角色扮演，練習可能會發生的互動情境。準備一些像是對講機與帽子等的游擊裝備可能會派上用場（請參閱圖6.2）。

- 如果是在咖啡館進行此實驗，你可以為參與者提供免費咖啡，以換取他們的時間與回饋。

圖 6.2 拿出你最好的游擊裝備，盡你所能悄悄地移動到使用者身旁

真實經驗：研究使用者

以下是本書其中一位作者的親身經歷：

以前我們藉著某次的機會，在和我們平台有關的會議中設立了一個攤位。這是針對最新版本的工作流程進行游擊測試的好方式。我們在攤位上擺放了兩台顯示器、一個鍵盤及一個滑鼠，並以橫布條與一張大地圖裝飾攤位，還穿上實驗衣拿著筆記板扮演「研究員」。我們詢問每個路過的人是否願意對我們的平台提供回饋。幸運的是，許多人都願意坐下來與我們一起操作工作流程。我們記下他們的回饋，詢問他們喜歡與不喜歡的地方，並找出應用程式中經常讓人們困擾的部分。這個額外的測試過程不僅帶來了寶貴的回饋，還讓許多人對我們的平台產生興趣。

實驗：專注於有價值的事物

我們本能地似乎都了解專注的力量。但是找到專注力並堅持下去並不容易。本節提供三個實驗來協助實現此目標。

限制產品待辦清單的最大長度

擁有一個龐大的產品待辦清單很容易，但是要讓它保持精簡卻需要多方面配合，包括明確的目的與一位有主導權、勇於對不符合時間與預算的好點子說「不」的 Product Owner。這個實驗的目的是限制產品待辦清單的長度，並觀察接下來會發生什麼事。

投入╱影響比

投入		這個實驗本身很容易執行。但從中得出的結果可能很難理解。
對生存的影響		此實驗嘗試去揭露造成Product Owner很難憑經驗工作的巨大障礙。

步驟

要嘗試此實驗,請執行以下步驟:

1. 在刪除待辦清單的項目之前,與 Product Owner 一起定下產品待辦清單的長度限制。產品待辦清單的長度沒有標準答案,但根據我們的經驗,你需要制定一個產品待辦清單項目的數量,以便能一眼綜觀全局並掌握接下來要發生的事情。一般來說,清單越短越好,許多團隊喜歡將項目限縮在 30 ～ 60 個之間。

2. 如果你的團隊的產品待辦清單已排序完成,就可以跳到下一個步驟。如果沒有,請與 Product Owner、你的團隊及利害關係人一起,以產品目的為依據來重新排序產品待辦清單。

3. 邀請 Product Owner 移除所有超出長度限制的項目。不要只是將它們移出任務板或放到 Jira 系統的另一個清單,而是要真的把它們扔掉。如果團隊是使用實體任務板,我們會習慣拿出一個垃圾桶,讓大家親眼看到我們扔掉便利貼。這很傷人嗎?是的。會有人反彈或被嚇到嗎?有可能。但透過這個作法可以明確說明哪些事項會進行,哪些不會進行,你可以為利害關係人創造透明性,讓他們知道可以預期什麼。

4. 將產品待辦清單的長度限制視覺化。如果你使用的是實體任務板,就可以直接用板子的空間來限制長度。另外,大多數的數位工具都提供清單長度限制的功能。你要確保這份清單長度的旁邊可以清楚看到產品目的,因為這是決定項目保留與否的準則。

5. 鼓勵 Product Owner 經常整理產品待辦清單，以充分利用清單上的項
目。

我們的發現

- 這個實驗能揭示許多障礙。它可能會指出你的 Product Owner 對產品待
辦清單沒有發言權，也可能指出你的團隊花費太多時間在精煉產品待辦
清單上較不重要的項目，因為他們覺得丟掉這些規格文件很浪費。但是
這個實驗也顯示出你的產品沒有可以幫助 Product Owner 做出產品待辦
清單決策的明確指導方針。無論哪種情況，堅守產品清單的數量限制將
可以專注於解決障礙，而不是迴避它。

- 要清楚並尊重你刪除的每個項目。每個項目都可能是讓產品更棒的好點
子。當項目從目前的產品待辦清單中移除時，如果它們對於你嘗試打造
的產品來說是夠好的，那麼它們還是有機會再次出現。

在生態循環圖上繪製你的產品待辦清單

在喪屍 Scrum 的環境中，你會發現團隊陷入無止境的艱難處境。他們不停
地在每個 Sprint 中忙著處理那些早已了無生機的產品。這個實驗的目的是
重新將產品待辦清單注入活力，提供創新與專注的空間。

投入／影響比

投入		這個實驗需要時間準備，而且需要實際進行許多次才能真正成功。
對生存的影響		以生態循環的角度來思考問題，會讓人想到創新、價值及專注。就像是攝取綜合維他命，可以一次攝取多樣的健康補給！

步驟

生態循環規劃是活化結構的一部分。[3] 它的目的是分析全部的工作項目組合，找出過程中的阻礙與機會。這使得它成為定期整理與重置產品待辦清單的絕佳方式。這個實驗是以自然生命週期為概念設計的，如圖 6.3 所示。

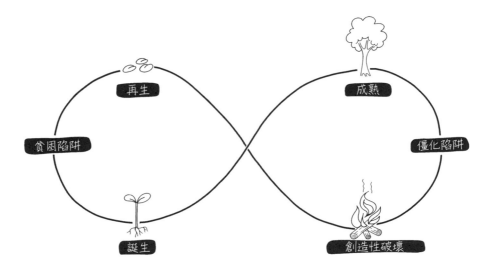

圖 6.3 在生態循環圖上繪製你的產品待辦清單 [4]

在產品開發環境中，產品生命週期中的所有工作都可以繪製在生態循環圖上。說明如下：

- **再生**（Renewal）代表嶄新與創新的未來工作理念。它可能包含探索新技術、新功能或新市場的想法。

---

3   Lipmanowicz and McCandless, The Surprising Power of Liberating Structures.

4   Source: Lipmanowicz and McCandless, The Surprising Power of Liberating Structures. Modified by Fisher Qua.

- **誕生**（Birth）代表將一個想法從醞釀中轉變成有形事物的作業。這可能包含建立雛型，與利害關係人測試新的設計，或是試用某項功能中的第一個部分。

- **成熟**（Maturity）代表的是當產品趨向穩定與成熟時的作業。這可能包含支援、修補程式錯誤以及對已經存在的內容進行小增量調整。

- **創造性破壞**（Creative Destruction）是指針對產品即將被淘汰或本身已不再具有價值的部分所進行的作業。

所有的活動都會流經生態循環。但這些活動也可能卡住，或是發生諸如所有能量都流向生態循環右側的不平衡現象，導致沒有時間或空間進行創新。你知道很重要但從未執行的工作會困在所謂的**貧困陷阱**中。它可能包括自動化升級部分的部署工作、升級至新框架，或修復那些人們一直抱怨的煩人的程式錯誤。你持續進行實際上無法增加任何價值的工作，就是**僵化陷阱**。它有可能是在維護一個從未使用的功能，或者是以某種方式執行某功能，但可能有更好的執行方式。透過在生態循環圖上標示出所有的工作，你可以辨識出一些模式來告訴你產品及你所規劃的工作在生命週期中的位置：

- 健康的產品待辦清單會將工作分布在整個生態循環中。正如模型左側所展示的，說明工作正在進行創新，也有如模型右側所展示的，讓產品邁向成熟與堅實的工作。此外，當團隊意識到必須決定捨棄哪些功能與工作，這說明團隊正處於創造性破壞的作業中。

- 請先刪除或重塑陷入僵化陷阱或創造性破壞的項目。請在增添新任務之前先進行，因為刪除工作可以為新工作騰出空間。

- 你可以針對產品待辦清單上的每個項目進行生態循環規劃。也可以將其應用在產品的功能，或者是整個產品組合上。應用範圍很廣。但僅僅使用一次是不夠的，要經常進行。

那麼你要如何與團隊做到這一點？我們喜歡依照以下方式進行：

1. 與 Product Owner 合作，邀請利害關係人與開發團隊一起參與工作項目的清理，並重新專注在重要的事情上。

2. 介紹生態循環規劃。介紹圖中的四個部分及其隱喻，並提供一些範例來幫助人們理解。如果人們無法馬上理解也沒關係；你必須進行多次的生態循環規劃，才能讓人們開始看到其中的可能性。

3. 邀請在場的每個人在紙上或筆記本中繪出他們自己的生態循環圖，並將產品中的項目分配到他們認為應該屬於的位置。為了讓過程容易進行，你可以對產品待辦清單項目進行編號，用編號取代項目名稱（填寫項目名稱比較費工）。

4. 如果你的團隊人數相當多（超過 8 ～ 10 人），請讓成員兩人一組，分享如何在生態循環圖上分配這些項目。鼓勵他們共同確認每個項目的最終位置。

5. 準備一個更大型的生態循環圖，也許大到需要放在地板或牆上，邀請每個人將產品的各個項目放到他們認為的位置。

6. 邀請大家思考所呈現出來的排列模式。然後詢問「針對我們的產品，生態循環圖中的產品項目分布說明了什麼？這樣的分布有什麼重要性？」請每個人花一分鐘時間思考，接著請兩人一組討論幾分鐘，然後將兩人一組合併成四人一組，討論四分鐘。最後鼓勵各個小組向所有人分享他們認為最重要的排列模式。

7. 邀請人們組成小組，並找出清理產品待辦清單的下一步行動。哪些項目應該被移除？哪些新點子可以取代產品待辦清單上的既有項目？鼓勵團隊專注在掉入陷阱的項目或是可以被任何其它方式創造性破壞的項目，這樣有助於清理產品待辦清單。

我們的發現

- 通常生態循環規劃的思考模式對於喪屍 Scrum 團隊來說並不是自然而成。你必須多次進行，才能讓團隊理解不同象限與這些模式的意涵。

- 由於這個實驗讓每個人都有發言的機會，因此當團隊發現大家對某些工作的放置位置出現共識時，團隊可能會鬆一口氣。請慶祝這些時刻：放棄沒有價值的工作遠比單純增加工作更為重要。

- 使用生態循環圖來視覺化產品開發不應該是一次性的活動。我們建議團隊製作一個大型的生態循環海報，並掛在團隊辦公室的牆上。這樣可以鼓勵持續更新生態循環圖，並在 Scrum 事件期間產生有用的對話。

表達想要的成果，而不是需要完成的工作

對於產品所需完成工作的記錄方式會大大地影響團隊如何進行這些工作。這個實驗改變了你撰寫產品待辦清單項目（PBIs）的方式，並可以讓關於成果與利害關係人導向的每日對話變得更加容易。

投入／影響比

投入		透過幾個簡單的問題將可以讓你立即走上正軌。
對生存的影響		這個實驗可以快速且澈底改變日常用語及思維模式。

步驟

無論大多數人的看法如何，你都可以自由地使用你喜歡的格式來描述產品待辦清單上的工作。Scrum 指南中並沒有提到「使用者故事」，因此無論你使用哪種格式，都不要只專注於需要完成的任務，而是要專注在想透過這些任務達到什麼以及理由。如果有幫助的話，也可以提及你是為誰開發此產品。以下是一些可以考慮使用的選項：

- 將你的 PBIs 撰寫成**與利害關係人進行的對話**。這樣你就可以釐清與利害關係人之間的問題，以便開始建立解決方案。例如，「已經與 Jimmy 一起設計兌換折扣碼選項的呈現方式」。

- 將你的 PBIs 撰寫成**真實使用者的實際需求**。例如，「Tessa 想要查看本週所有訂單，以便知道需要對誰開發票」或者「Martin 與他的團隊希望能直接發送出貨通知，而不用每次都要問過 Pete」。

- 將你的 PBIs 撰寫成最終的**驗收測試**。使用者完成哪些事情才能讓你知道是否成功？「使用者能做到這個嗎？」這一點需要足夠清楚，以便能簡單回答是或不是，例如：「使用者能將商品加入購物車」。這些項目非常適合讓真正的使用者在 Sprint 審查會議中試用。

- 將你的 PBIs 寫成一個達成**目標**或**狀態的成果**。提供價值的具體最終狀態是什麼？例如：「應用程式顯示稅後的最終付款金額」。

那麼你的團隊是如何做到這一點的？我們喜歡依照以下方式進行：

1. 安排一些時間與你的團隊一起發展產品待辦清單。我們強烈建議邀請真正的利害關係人參加這個工作坊，他們可以幫助你找出「什麼是有價值、什麼是沒有價值」的答案。

2. 如果你還沒有待辦清單的話，可以從現有的產品待辦清單中選取一些項目，或是對可能的工作進行高層次的概述。這裡提供一些有用的活化結構，例如「1-2-4- 全體」、「最小規格」或「即興人際交流」。

3. 可以使用「1-2-4- 全體」活化結構讓團隊針對每個項目思考以下問題：「當這項工作完成時，誰會受益？」、「完成後有何不同之處？」、「為什麼那很重要？」以及「如果我們不做這項工作會發生什麼事？」根據這些回答，共同決定將工作記錄進產品待辦清單中的最佳方式。

4. 重複執行這個方式，直到你對即將到來的工作有足夠的了解，這樣才能繼續進行下一個 Sprint。要抵制誘惑，不要花大量時間在遙遠的未

來項目上。越往產品待辦清單的下層看去,就會看到那些不一定會發生的潛在未來項目,這些項目可能較粗略且龐大。保留你的精力給近期的項目吧。

我們的發現

人們很容易回到描述要完成的事情的模式,而不是想要實現的成果。如果你在切分項目時,苦惱於如何讓成果被看見且易於測試,那麼第 8 章的實驗:「拆分產品待辦清單項目」將對你有所幫助。

接下來呢?

在本章中,我們探討了十個開始建立利害關係人需求的實驗。有些實驗比較簡單,預期的影響也各不相同。但每一個實驗都可以在喪屍 Scrum 盛行的環境下完成。你可以試試看會發生什麼事。

然而,我們過去也發現,建立利害關係人需求與能否快速交付符合需求的成果息息相關。當改變需要耗時數月才能傳達給利害關係人,他們就無法儘早對此提出及時的回饋。即使是以利害關係人為導向的 Scrum 團隊,失去了回饋機制也會陷入喪屍化。在下個章節,我們將探討 Scrum 團隊可以做些什麼來開始快速交付。

「新兵!在尋找更多的實驗嗎? *zombiescrum.org* 網站提供了廣泛的工具可供運用。你也可以提供你的實務經驗,幫助我們擴充工具庫。」

第三部分
快速交付

症狀與原因

「大多數人直到事發之前都不相信它會發生。這不是愚蠢或軟弱,這只不過是人性。」

——Max Brooks,
《末日之戰 : 政府不想讓你知道的事》

在本章中,你將會:

- 找出交付速度無法滿足組織需求的症狀與現象。

- 探索無法快速交付的最常見原因。

- 了解健康的 Scrum 團隊如何在快速交付與保持專注之間取得平衡。

真實經驗

我們最近遇到一個被喪屍 Scrum 感染的團隊,他們向我們介紹這兩年他們開發了一個非常酷炫、創新的(線上)平台。這一切都始於幾年前,他們的 CEO 某天半夜醒來想到一個超讚的產品新點子,之後他們找了一些王牌等級的開發人員,組了一個 Scrum 團隊來應對此挑戰,並努力完成冗長的產品待辦清單。隨著時間的推移,團隊撰寫了許多巧妙的程式碼並增加了數十個令人驚豔的功能。公司與團隊都非常讚賞 Scrum 帶來的節奏與結構,他們對於嚴格遵守 Scrum 框架與其規定的角色與事件感到自豪。

唯一的例外是,即使每次 Sprint 都產出「潛在可發布的增量」(potentially releasable increment),但他們實際上從未發布過任何東西。其中一個原因是 Scrum 團隊在測試所交付的功能上不夠熟練,因為這是走廊另一頭的 QA 部門的工作。只有當 QA 進行澈底測試並全部通過時,才能交付新功能。但考量 QA 龐大的工作量,這通常需要多個 Sprint 才能完成。另一個原因是部署新版本需要大量的手動作業。由於團隊過去在部署其他產品時總是壓力很大且容易出錯,所以他們更傾向在該產品最終上線時一次性發布。儘管團隊建議設定自動化部署管道來簡化此流程,但管理層提出反對意見,以便繼續專注在增加更多功能。

十六個月後,產品的第一個版本終於上市了。雖然伴隨大量的行銷活動,但產品卻失敗了。事實證明,客戶使用產品的方式與他們的預期截然不同。例如,團隊花了四個月開發出豐富的應用程式介面(API),結果只有 2% 的客戶使用。儘管一開始期望很高,產品卻無法回本。

不久之後,團隊出現了喪屍 Scrum 的症狀。團隊失去動力;他們的熱情瞬間消失,就像刺破的氣球一樣洩了氣。「究竟出了什麼問題?我們明明已經完成了 Sprint 中所有的使用者故事!Scrum 不是應該防止這樣的失敗嗎?」慢慢地,開發人員的目光變得呆滯。儘管遭遇挫折,CEO 仍然堅定不移且充滿希望。並不是完全沒有客戶,只是數量不多。而且他承諾這個情況將在十個月後的下一個發布有所改變。

這個案例說明了打造利害關係人的需求（第二部分）與快速交付（第三部分）是缺一不可的。在這個案例中，Scrum 團隊直到產品發布後才知道他們打造了客戶認為沒有用的功能。在追求「第一次就把事情做對」的衝動下，所有為了完善這些所謂有價值的功能而花費的金錢、時間及資源都浪費了。

在上述案例中，浪費的主要來源並不是因為團隊懶惰、缺乏詳細的規格文件或部門之間協調失敗，而是團隊錯失了及早推出平台，以及更快地從利害關係人身上獲得回饋的機會。事實證明，公司誤以為他們的平台能解決利害關係人的問題。即使平台的某些功能可能有用，然而其效益並不足以彌補開銷。快速交付雖然不能保證成功，但可以幫助組織更快了解他們的想法是否真的有價值，並根據回饋來調整產品策略。本章主要是介紹快速交付，以及當你面對複雜工作時，快速交付將如何成為你的最佳生存策略。另外，我們也將探討不快速交付的原因與藉口。

究竟有多糟？

透過 **survey.zombiescrum.org** 的線上症狀檢測工具，我們持續監控喪屍 Scrum 的擴散與普遍情況。截至撰寫本書時，已參與檢測的 Scrum 團隊狀況如下：*

- 62% 的團隊必須執行大量的手動作業，才能交付增量。
- 61% 的 Product Owner 不採用或很少採用 Sprint 審查會議蒐集利害關係人的回饋。
- 57% 的團隊在 Sprint 的最後幾天，會為了完成所有工作而承受巨大壓力。
- 52% 的團隊經常需要在下一個 Sprint 中解決問題，而這些問題原本可以透過更好的測試來避免。
- 43% 的團隊不會在當下 Sprint 中花時間精煉即將展開的 Sprint 工作。

- 39% 的團隊通常在 Sprint 結束時沒有可交付的增量。

- 31%的團隊偶爾或經常取消 Sprint 審查會議。

---

* 這些百分比所代表的，是在10分為滿分的評分制度下，獲得6分或更低分數的團隊。每個主題以10～30個問題進行衡量。這項結果來自於2019年6月至2020年5月期間參與**survey.zombiescrum.org**自我報告研究的1,764個團隊。

快速交付的好處

你可以忍受在幾乎沒有價值的功能上燒錢嗎？利害關係人對產品的期待有可能保持不變嗎？你的產品沒有競爭對手嗎？你可以百分之百地確定你的使用者或客戶能看出你想法中的價值嗎？

既然你正在閱讀這本書，那麼只要你能做到以下任何一件事，我們就願意讓你把我們多汁美味的手臂餵給飢餓的喪屍。快速交付的需求與產品開發複雜度所帶來的風險之間有著密切的關係。如果要我們用一句話來概括 Scrum 框架的目的，那就是頻繁向利害關係人交付「完成」的增量，避免浪費金錢與時間在他們不感興趣的事情上。換句話說，關鍵就在於儘快學會辨識風險與如何規避或預防風險（請參閱圖 7.1）。是否「夠快」取決於你的環境、產品及組織的能力，但它可能接近一或兩週，或甚至是一天，而不是隔幾個月一次。工作越複雜，越需要快速學習。

環境的複雜性

在複雜的環境中，你無法預先規劃成功，只能事後理解，因此你需要使用回饋循環才能成功解決複雜的問題。你必須知道發生什麼事情，才能掌握情況並隨機應變。如果 Sprint 審查會議只用來檢查產品與驗證組織內的假設，那麼它的幫助會很有限，但是快速交付可以讓你在實際的使用環境中

檢查你的產品。因為快速獲得產品的回饋並儘快從中學習才是最重要的。
你之前的想法正確嗎？市場對你的點子有什麼反應？你需要做哪些調整？

為什麼使用 Scrum ？

圖 7.1　為什麼需要快速交付？

快速交付可以讓你更快地回應市場變化。想像一下，看到機會並且在幾週
內善用它。而那些發布週期長的組織只能白白讓機會流失，眼看著競爭對

手搶得先機，自己深陷在低效率中。當你能夠快速交付，就可以在短時間內根據商業需求將想法轉化為價值。這就是敏捷代表的意義。

將我們見過的所有喪屍 Scrum 組織與敏捷思維互相比較：喪屍 Scrum 組織將自己與外界隔絕。他們變成了毫無意識的機器，只會爆炸式地大量產出產品功能。從外部得到的少數回饋需要大量的時間處理，而且通常無法即時傳遞給產品開發人員。這些組織一路走來跌跌撞撞，就像僵硬的喪屍一樣四處散落殘肢，卻沒有真正察覺到自己有何異狀。

產品的複雜性

複雜問題的特徵之一就是它會逐漸浮現。在這裡，看似簡單的活動可能會導致一連串超出預期的工作。每當開發團隊發出「噢—喔」聲音時，就知道他們意識到原本以為只是很小幅度的改變，最終演變成比想像中更具挑戰的情況。例如，當利害關係人隨意問到某項功能是否支援某種重要的行動裝置時，整個 Scrum 團隊都會面面相覷，因為沒有人考慮過這一點。又或是 Scrum 團隊為了解決部署大型且複雜的發布時不斷產生的問題而加班到深夜。

處理複雜問題的工作量往往會急遽增長到超出我們的預期。任何處理過複雜問題的人通常在嚐過苦頭後都能體會到，產品開發最好從一個小型、穩定的系統開始，再隨著時間小心地擴展規模。與其在一個長期專案結束時陷入整合地獄，我們寧可進行微小的更改，並儘快讓系統在最短時間內恢復平穩。這樣的過程構成了一個不斷增加不穩定性（在開發工作中）的快速回饋循環，而後返回穩定狀態。這樣一來，我們就可以避免有時因為整合工作延遲所帶來的災難性影響，並且更容易在高度變動的環境中生存。

軟體開發工具的改善已經讓整合、測試及部署作業的簡化與自動化過程變得更加容易。身為開發人員，你可以輸入程式碼並啟動一個可建立變更並推送到測試環境的自動化管道。如果一切順利，還可以推送到正式環境。

這代表著你每隔幾分鐘就可以有新的運作軟體。雖然不是每個企業都需要以如此快速的步調進行,但這種工作方式大幅縮短了開發人員獲得回饋的時間。當發生錯誤時,他們可以立即掌握,並降低產品開發的複雜性。

重點:無法快速交付是喪屍 Scrum 的徵兆

深陷喪屍 Scrum 的組織往往難以快速交付。儘管他們按照 Sprint 的節奏工作,但是新功能也只能夠偶爾交付給客戶(例如,作為年度發布週期的一部分),完全沒有加快步調的意願。而無法快速交付的藉口通常是產品太複雜、技術無法支援或是客戶沒有要求。他們將快速交付視為「加分選項」,但卻未能意識到他們錯失了頻繁獲得關於工作品質回饋的好處。這就導致了惡性循環:宛如喪屍般地使用 Scrum 讓快速交付變得困難,而且無法快速交付會加劇喪屍 Scrum 的症狀。

為什麼我們交付的速度不夠快?

如果快速交付如此重要,而且每個人都看到它的潛力,那為何它沒有在喪屍 Scrum 中發生呢?接下來,我們將探討常見的狀況與其潛在原因。當你了解這些原因時,就可以更輕鬆地選擇正確的介入措施與實驗,並且還能讓你與陷入喪屍 Scrum 系統中的人們建立同理心,了解儘管每個人的立意良好,但症狀還是會經常出現。

「新兵,別慌張。吸氣、吐氣。吸氣、吐氣。你在嘀咕什麼?你有辨認出所有的症狀嗎?好的……我們可以開始驚慌了!開玩笑的。辨認症狀是好的開始。現在讓我們看看潛在的原因是什麼。告訴我,為什麼你認為你的組織無法快速交付?」

我們不理解快速交付能如何降低風險

在喪屍 Scrum 的環境中，人們不了解為什麼快速交付很重要。當你詢問他們，他們只是聳聳肩或帶著輕蔑的微笑回應，因為他們認為「對於像我們這樣複雜的產品或組織，快速交付根本行不通。」對他們來說，快速交付只適用於不會產生大量收益的小型產品，或是像 LinkedIn、Meta 及 Etsy 這樣的大型科技公司。即使他們想這樣做，這樣的投資也會太龐大。將許多更新批次整合成大規模、低頻率的發布會更方便。老實說，這與看到健康生活的迷人之處卻拒絕勤勞鍛鍊無異。

需要注意的徵兆：

- 無論 Scrum 團隊在一個 Sprint 內完成多少工作，這些功能都會按照批次排進大型季度或年度發布。

- 發布是「全體動員」的活動，大家會騰出晚上和接下來的時間，甚至是整個週末，以解決發布引起的問題。

- 當你解釋每個 Sprint 都要產出可發布的新產品版本時，人們通常的反應是「這在這裡行不通」。

- 當你詢問「如果我們無法更快速地交付，會增加哪些風險？」時，沒有人可以給出明確的答案。

- 發布是大型的行動，包含許多變更、程式錯誤修復及改善。快速瀏覽發布說明通常就能解釋一切了。

所有的這些回應都顯示，人們始終不明白快速交付對於降低複雜工作所帶來的風險是必要的。諷刺的是，產品或環境越複雜，使用經驗主義來降低風險就變得越重要（請參閱圖 7.2）。

圖 7.2　「在你按下『發布』進行年度部署之前，讓我們先避難吧」

對許多團隊來說，部署產品的新版本是很痛苦的。團隊會感到緊張不安，擔心犯下重大錯誤。他們傾向在低流量時段（深夜）進行部署。他們會將發布後幾天的時程都清空，以便應對程式錯誤、問題及版本回溯等負面影響。難怪許多團隊會儘量減少部署的次數。

但是快速交付也是組織鍛鍊的一種形式。當 Scrum 團隊快速交付時，他們會刻意著重在他們的流程、技能及技術。作為回應，他們會開始尋找優化工作的方式來應對這些頻繁的壓力因素。Scrum 團隊可能會增加自動化的使用、建立快速應變策略及導入「功能切換」等技術，並找尋其他方式來減少新發布的爆炸範圍（即影響程度）。正如我們的肌肉在鍛鍊時受到輕微損傷後會變得更強壯一樣，頻繁發布會幫助組織在最需要的地方建立能力。儘管有些痛苦是無法避免的，這就像痠痛的肌肉會增強力量與耐力一樣，每一次發布將會比前一次更容易、更快速且風險更少。

顯然地，這些改善只有在 Scrum 團隊本身進行鍛鍊時才會發生。當 Scrum 團隊以外的人負責發布時，Scrum 團隊就沒有動機去改善。Scrum 團隊還需要掌握部署過程與自動部署所需的工具。我們曾經跟一個最厲害的

Scrum 團隊合作，這個團隊把自動化視為產品開發的一部分。他們將這項工作透明化地呈現在產品待辦清單中，並根據需要將其細化成更小的項目。他們並不是將自動化視為事後工作，而是在第一個 Sprint 就建立所需要的自動化功能，並將產品增量部署到正式環境中。在之後的 Sprint 中，他們在此基礎上建立更多的自動化與監視功能。所有他們本來會浪費在進行大量部署與修復的時間，都用來為產品增加更多有價值的功能。

當試以下實驗來改善你的團隊（請參閱第 8 章）：

- 跨出自動化整合與部署的第一步。
- 每個 Sprint 都要交付。
- 逐步完善完成的定義（definition of done）。
- 為持續交付建立商業案例。
- 使用技能矩陣（skill matrix）提升跨職能合作能力。
- 提出有力的問題來完成任務。

我們被計畫驅動的治理方式所阻礙

儘管 Scrum 團隊的工作表現出色，但顯然有些組織仍深受喪屍 Scrum 困擾。他們在每個 Sprint 都創造出潛在可發布的增量，產品品質很高，而且利害關係人都儘可能參與其中。即使 Scrum 團隊的引擎正高速運轉著，但是整個組織仍停滯不前。儘管 Scrum 團隊以短的 Scrum 週期進行工作，然而組織中的其他事物卻都以較慢的節奏進行著。我們經常看到組織依據 Scrum 團隊的 Sprint，制定詳細的長期專案計畫與年度的發布時程表。這就是我們所說的**以計畫驅動的治理方式**，採用此方式的組織完全忽略了 Scrum 框架的目的就是實現檢視性與調適性。

需要注意的徵兆：

- 產品預算與產品策略要等到一年甚至更長時間才設定一次。

- Product Owner 只能依據不夠頻繁的年度或雙年度發布時程表進行發布。

- 關於產品待辦清單中的內容與排序的決策，是由專案管理辦公室及指導委員嚴格控管。

- 每一個 Sprint 的目標或潛在內容都是提前數月甚至數年就規劃完成。

- 需求與預期的工作必須被詳細記錄與規劃，這在冗長的產品待辦清單上很明顯，即使是未來幾個 Sprint 的項目也寫滿詳細資訊。

以計畫驅動的治理方式導致 Scrum 團隊朝向遙不可及的目標前進，但這個目標跟客戶滿意度或具體的業務成果並不相關。他們的成功通常是根據是否達成人們制定的截止期限來衡量，跟為利害關係人創造價值沒有關聯。當遵守計畫被獎勵，而不是以靈活性來獲得更好的成果時，快速交付就顯得毫無意義，而且看起來就像是浪費時間。即使 Scrum 團隊的引擎正以最高速度運轉，他們也很可能會因為陷入組織困境而迅速耗盡精力。請參閱圖 7.3。

正如我們在第 4 章所探討的，Scrum 框架的基礎是從經驗（或稱經驗主義）中學習。與之相比，進行預測式規劃的組織的流程與結構仍然受到一種名叫理性主義的信念影響，也就是在實際展開工作解決問題之前，先對問題進行全面、理性的分析。這種分析方式會用詳細的產品規劃書與相關的路線圖來呈現，但是這些規劃書和路線圖是不允許，也不鼓勵在實際進行工作時根據產生的見解調整，並且它會試圖以「一次就把事情做對」的大型發布方式交付最終產品。這種方法本身並沒有錯，但在複雜、不可預測的環境中是行不通的。

圖 7.3 「60 年後，我們終於可以驗證那些在 Sprint 規劃會議中的假設了」

嘗試以下實驗來改善你的團隊（請參閱第 8 章）：

- 為持續交付建立商業案例。

- 衡量前置時間與週期時間。

- 衡量利害關係人的滿意度。

- 每個 Sprint 都要交付。

我們無法理解快速交付的競爭優勢

利害關係人是否對自己投資所得到的價值交付速度感到滿意？為內部利害關係人設計的新計畫是否因為「資訊部門需要很多年才能完成」而被忽略了？每當管理階層與銷售部門帶來新的商機，是否有因為技術方面的問題嚇得他們躲回自己的洞穴？

利害關係人是最容易找出團隊無法快速交付的徵兆的地方。這些人與團隊的工作息息相關，他們為此付出了金錢或時間，或兩者都有。但是他們的忠誠度也僅限於此。當出現更好的東西——另一個產品或競爭對手，他們可能就會跳槽。

需要注意的徵兆：

- 流失率——目前的利害關係人停止與你合作的機率很高或是正在增加。

- 利害關係人普遍不滿意你對他們（一直改變）需求的回應能力，或是以此為理由停止與你合作。

- Scrum 團隊需要花費許多時間才能解決那些阻止利害關係人順利使用產品的程式錯誤。

- 新的計畫並沒有成立，因為「資訊部門」必須參與。所有人都知道這麼做很耗時，認為跟他們討論根本不合理。

- 產品原型與新產品交由外部公司開發，因為他們能提供更快速、更便宜的解決方案。

- 大多數情況下，更新更好的工具無法被整合到現有的基礎設施中，因為整合需要很長的時間，而且這個過程要付出的努力遠超過它能帶來的好處。

受到喪屍 Scrum 困擾的組織無法快速回應利害關係人不斷改變需求所產生的商機。有時候是因為所有跟資訊相關的事務都被一小群不願意承擔風險或接受更多工作的人所控制，有時候則是因為組織缺乏快速交付的能力。無論如何，這些商機都不會永遠存在，因此當組織無法快速回應時，就會錯失良機。

真實經驗：宛如「天空之城」的虛假承諾

以下是本書其中一位作者的親身經歷：

我最近與一個在網路代理公司工作的 Scrum 團隊進行交流。他們在過去的兩年內，斷斷續續地開發一個新的內容管理系統（CMS），以取代他們用了十年的平台。雖然舊的 CMS 過去為他們提供了良好的服務，但現在卻成為客戶的一個痛點。舊系統在十年前的瀏覽器上運作良好，但是在目前比較新的瀏覽器上卻無法正常運作。如此糟糕的效能，本身就會讓使用者變得僵化。這個舊平台並不支援行動裝置、現代的媒體格式及文字編輯。團隊為了增加更多讓人驚艷的功能而一直延後發布，這讓看不到新版本發布的客戶認為新的平台只是一張空頭支票。不出所料，這家公司難以說服新客戶與他們合作。既有客戶則是一找到機會就投入競爭對手的懷抱。不用說也知道，這個團隊必須重新思考他們的整體方案，才能在市場上立足。

這種動態調整也適用於開發內部產品的 Scrum 團隊。本書的其中一位作者曾在一家開發薪資支付系統的公司工作。當這家公司被市場上最大的薪資支付公司收購時，許多業務單位開始將其產品開發工作從共享的資訊部門轉移到被收購的公司，這讓原本的資訊部門感到失望。但事實證明，被併購的公司使用了更現代化的技術，並且能夠每兩週發布一次，讓客戶能有更多機會加入新想法，並因應市場變化而獲利。

在一個科技、實踐和需求迅速變化的市場中，快速交付是維持競爭力的關鍵。正如以上案例所示，快速交付使組織能夠比競爭對手更快速地回應不斷變化的需求，因此成為了一種優勢。採用快速交付可以加快實驗與學習的速度。

嘗試以下實驗來改善你的團隊（請參閱第 8 章）：

- 為持續交付建立商業案例。

- 衡量前置時間與週期時間。

- 衡量利害關係人的滿意度。

- 每個 Sprint 都要交付成果。

我們沒有移除妨礙快速交付的障礙

即使組織與 Scrum 團隊意識到快速交付的效益，但如果這種認知無法轉化成持續努力移除阻礙的動力，他們終將陷入喪屍 Scrum。潛在的障礙如下：

- 當 Scrum 團隊完成 Sprint 的工作後，仍有許多工作要做。例如，QA 部門需要在另一個 Sprint 中進行品保。或是行銷部門需要撰寫文案並添加圖片。

- 當 Scrum 團隊仰賴團隊外的人為他們完成工作，而團隊外的人又過於忙碌時，就會造成延誤。

- 完成的工作會被整合成大型、不頻繁的發布。

- Scrum 團隊技能分布的方式會導致瓶頸。

- Scrum 團隊很難完整拆分他們的工作（有關此內容的更多資訊，請參閱下一節）。

- Scrum 團隊無法獲得更快交付所需的工具或技術。

- Scrum 團隊完成的工作品質太低，導致目前或是下一個 Sprint 的項目嚴重重工。

在喪屍 Scrum 的組織中，沒有人會關心週期時間，也就是從開始工作到交付給利害關係人的時間。但週期時間能告訴你許多事，像是團隊所訂定的完成的定義有多完整、團隊是如何協作的，以及還有哪些障礙會阻礙快速交付。

需要注意的徵兆：

- Scrum 團隊根本不會追蹤他們的週期時間。
- Scrum 團隊的週期時間總是很長，甚至會隨著時間增長。
- Scrum 團隊並未探討有哪些因素會影響他們快速交付的能力。

當週期時間等於或少於一個 Sprint 時，團隊顯然可以在目前的 Sprint 內（或緊隨其後）開始工作並完成部署。短的週期時間可以幫助降低複雜問題本身的風險。

嘗試以下實驗來改善你的團隊（請參閱第 8 章）：

- 完善完成的定義。
- 衡量前置時間與週期時間。
- 限制進行中的工作。
- 拆分產品待辦清單項目。
- 使用技能矩陣來提升跨職能合作能力。

我們在 Sprint 期間處理非常大的項目

快速交付是降低複雜工作風險的好方法，但前提是交付的內容必須符合團隊的完成的定義。發布未經測試的工作成果反而會損害你的品牌、疏遠顧客及承擔不必要的風險。

雖然發布部分完成的產品是個壞主意，但是當 Sprint 待辦清單上的項目太大而導致 Scrum 團隊無法在一個 Sprint 內完成時，會發生什麼事呢？這通常意味著該項目剩餘的工作必須順延到下一個 Sprint，而團隊開發新項目的時間則會更少。當團隊不斷將工作項目順延到一個又一個的 Sprint 時，這些問題就會日益複雜，而且團隊會越來越覺得 Sprint 是虛假的時間盒，沒有任何真正完成的項目，更不用說交付了。

需要注意的徵兆：

- Sprint 待辦清單上的項目經常太大，以致於 Scrum 團隊無法在一個 Sprint 中完成。

- Scrum 團隊在 Sprint 待辦清單上只有少數幾個大項目，而不是許多小項目。

- Scrum 團隊不會花時間為接下來的幾個 Sprint 精煉其工作項目。

Scrum 團隊要克服這項挑戰的最好方法不是更努力工作、增加更多成員、放寬完成的定義、或是買更大的便利貼（請參閱圖 7.4），而是將無法在一個 Sprint 內完成的任務拆解成可完成的小任務。重要的是，團隊拆解任務時，這些被拆解的小任務本身仍具有可交付的特性。否則，團隊將無法從中學習與得到關於這些小任務的回饋。

圖 7.4　便利貼的尺寸也是項目過大的一個明顯徵兆

開發團隊需要學習的最重要技能之一，就是培養將大型工作分解成小型工作的技能與創意。開發團隊不應該透過編寫程式碼來開始專案工作，而是應該學會不斷地挑戰自我，並反問自己：「我們可以打造與部署哪些最小的事項來學習更多知識或提升我們所交付的價值？」

精煉（refinement）過程不僅需要 Scrum 團隊運用這些技能，也同時為他們提供發展這些技能的機會。如果 Scrum 團隊不精煉他們的工作，或者只專注於編寫規格文件，他們必然會因為 Sprint 待辦清單上的大型項目而遭遇困難。有些精煉工作是在 Sprint 期間進行，而有些則是在 Sprint 前進行。無論哪種情況，只要進行充分的精煉，Sprint 的工作流程就會順暢很多。當我們與 Scrum 團隊合作時，我們會透過拆解大型項目，試著讓團隊提前兩、三個 Sprint 預知他們的工作。像是 T 恤尺寸（T-Shirt Sizing）估算技術可以幫助我們更容易發現 XL 或 XXL 尺寸的項目，先拆解這些項目，然後再繼續拆解 L 與 M 尺寸的項目。

當試以下實驗來改善你的團隊（請參閱第 8 章）：

- 使用技能矩陣來提升跨職能合作能力。
- 限制進行中的工作。
- 拆分產品待辦清單項目。
- 提出有力的問題以完成任務。

健康的 Scrum

在健康的 Scrum 中，Scrum 團隊會依照 Sprint 的節奏工作，每個迭代都會產生一個潛在可發布的新版本產品，也就是增量。當 Sprint 結束時，增量應該要處於只需按個鈕即可進行部署的狀態，意思就是：所有測試均已通過、品質已獲得保證、安裝套件已準備就緒，而且說明文件也都更新完畢。接著，由 Product Owner 決定是否發布，一旦決定發布，則可以在 Sprint 審查會議後立即啟動。如果 Product Owner 決定不發布，那麼團隊已完成的工作也可以作為後續 Sprint 發布的一部分。無論是哪一個決定，團隊為發布而投入的所有工作都沒有白費。

「好了，新兵！還跟得上嗎？現在你已經了解不能快速交付會有哪些症狀與原因了，接下來讓我們探索健康的 Scrum。是的，我知道，先前的情況很糟糕，但其實事情可以不用如此。讓我們來分享一下快速交付的樣貌。請放輕鬆，坐下來，也許進行五分鐘的冥想，然後再繼續閱讀……」

決定發布（與否）

Product Owner 可根據他們與開發團隊及利害關係人的互動情況決定是否發布增量。即便增量已經準備可發布（意即符合完成的定義），Product Owner 仍然可以依據以下情況決定延遲發布：

- 會讓使用者遇到狀況、問題或效能不佳的狀況。例如，某關鍵商業規則可能無法正常運行，或是在 Sprint 審查時，利害關係人的回饋不太正面。

- 可能需要利害關係人進行目前無法接受的工作。這在硬體方面（甚至整個產品）尤其明顯。如果利害關係人必須在每個 Sprint 更換硬體，那他們很可能會集體離開。

- 會導致產品不符合法規或財務需求的狀況。

- 基於市場現況，發現可能會對品牌、組織或產品產生一些可以避免的風險。例如：預計在聖誕購物旺季時發布的新款收銀軟體，若沒有出現任何特殊情況，就可以考慮推遲一個 Sprint 再發布。

在飽受喪屍 Scrum 困擾的組織中，每一個理由都很容易成為一年只發布一次或只在產品「全部完成」時發布的藉口。但在健康的 Scrum 環境中，Product Owner 明白頻繁發布才是降低複雜工作風險的最佳方式。他們也明白，不發布的理由顯示組織存在著待解決、深層的隱藏障礙。例如，如果經常不發布是因為持續培訓使用者並不容易，這就引出了一個問題：為什麼小型增量化的改變需要持續地重新訓練？也許 Scrum 團隊需要致力於提高產品的可用性，這樣就不需要重新培訓使用者。

發布不再是二分法行動

Product Owner 不斷做出權衡取捨；他們明白在「全部不發布」與「全部發布」之間有許多選擇。陷入喪屍 Scrum 的組織通常認為「發布」要麼發

生，要麼就不發生。但是當組織在實踐健康的 Scrum 時，他們會了解到有許多不同的發布策略。例如，Scrum 團隊可以執行以下幾點：

- 將增量部署到產出當中，同時透過「功能切換」先停用新功能，一旦搭配的行銷活動開始進行時，這些功能就可以「開啟」。

- 採取分階段的方式部署增量，讓渴望嘗試新功能與願意接受風險的使用者先使用，然後再轉移到比較抗拒風險的使用者。採用這個選項的一個好範例，就是將新版本的發布分為 Alpha 版、Beta 版與最終版的系列階段來部署。另一個例子是讓許多產品提供「實驗室」功能，讓使用者可以開啟實驗性質的新功能。

- 將部署新增量作為替換選項。例如，LinkedIn 經常推出新的功能，讓使用者可以在新舊版本之間切換畫面。

- 先向一小群使用者部署新的增量，並密切監控一切狀況。當這些「煤礦坑裡的金絲雀」沒有出現問題時，再擴大發布範圍到更大的群體。

- 部署新的增量，但使用者可以選擇是否使用新版本。這在以硬體為基礎的產品中特別常見，使用者可以決定停留在他們目前使用（並且有支援）的版本或是切換到比較新的版本。

- 透過「軟發布」方式部署新的增量，先為使用者提供新功能，之後再開始行銷活動來吸引更多關注。

這些策略的共同之處，在於團隊能隨著時間透過多次且小規模的發布來部署增量，而不是少次而大規模的發布。如此一來便能以互補方式限制每次發布的影響範圍，以降低風險。Scrum 團隊也能更快測試新的想法，因為每種策略都能快速讓他們知道發生了哪些事、人們如何使用產品等回饋。例如，追蹤切換成舊版本功能的使用者數量，可以當作是新版本需要改進的一個好指標。

當然，這些策略都需要有完整規劃的流程與技術基礎設施才可能實現。並非所有的產品一開始就能以這種方式發布。

真實經驗：頻繁發布關鍵且嚴謹的產品

以下是本書其中一位作者的另一個親身經歷：

我們的其中一組 Scrum 團隊負責一個管理員工彈性排班的產品，這是一項全面且關鍵的產品。它的功能包括匹配員工與工作，提交與批准工時表格，追蹤休假天數以及產出詳細的管理報表。這項產品還必須與外部系統溝通。任何中斷都會立即讓我們辦公室的電話響不停，因為數千個員工都依賴它來完成他們的日常工作。

該產品的第一個版本在兩年內不斷地演進，大部分的工作都是由一位開發人員完成。這位開發人員離職後，Scrum 團隊接管了這項產品，並且面臨一個挑戰。這個結構不良且龐大的程式庫，意味著無法分批發布產品，只能選擇全部發布整個產品或完全不發布，而且失敗的風險很高。為了能持續發布，團隊一開始是在非工作時間——通常在晚上或是週末的時間發布。為了讓此方式更容易執行，Scrum 團隊開始策略性地重新打造產品的各個部分，並同時採用隔離部署與自動化測試技術。團隊聰明地善用技術來保持現有的使用者體驗。在許多情況下，他們會拆分出整個儀表板常用的部分，轉移到另一個單獨的網路應用程式，但在視覺上仍維持與原本的儀表板一樣。在其他情況下，轉換成新版本外觀的方式，則是先將其作為建議選項，之後再改成預設選項（可以選擇回到舊版本），最終才會改成唯一選項。同時，團隊努力將部署管道自動化。

這種為了達成頻繁且持續發布的齊心協力，以及為此而培養的力量與技能，讓該團隊能在工作時間內隨時按照他們的意願進行發布，而且幾乎沒有風險。

在 Sprint 期間交付

即使會對流程與基礎設施做出大幅改變，提高交付速度最大的好處，就是幫助組織建立能更迅速回應利害關係人關心事項的能力。這個能力不是只讓 Scrum 團隊被動地等利害關係人提出需求時回應，而是主動地透過監控使用者與產品的互動，並在使用者提出需求之前，深入了解改善使用者體驗的方法。

為了回應這些新的機會，Scrum 團隊不需要等到 Sprint 結束時才發布新的改善。Scrum 框架鼓勵團隊至少能在 Sprint 結束時進行發布。如果能更加頻繁地發布會更好！所以 Scrum 團隊最終會自然而然進入這個流程：在 Sprint 期間持續進行微小發布。這樣還有一個額外的好處，那就是更能夠根據真實的即時資料，將各種 Scrum 事件更聚焦在檢驗與調適上。

不再有「大爆發」式的發布

有些已經能夠快速交付的 Scrum 團隊私下告訴我們，他們會想念「每年一次的盛大發布派對」。在過去，發布是一個緊張刺激的活動，團隊會排開他們的行程（包括晚上的休息時間）來將大型的增量部署到產出當中。由於變化太多，潛在的災難風險也會很龐大，這意味著團隊必須經常急著尋找解決方案來應對許多突發狀況。對於這種高張力、高壓力的活動來說，團隊認為再次安然渡過發布、能夠鬆一口氣的那一刻就是發布派對。是的，快速交付的團隊已經不用再過得「提心吊膽」了。

慶幸的是，我們還是可以舉行發布派對。即使產品處於不斷變化的狀態下，Scrum 團隊仍然有重要的里程碑要達成，有目標要實現，並使利害關係人感到滿意。他們不再慶祝「成功度過一次發布」這個尷尬的成就，而是慶祝更具有價值的事情。

接下來呢？

在本章中，我們探討了喪屍 Scrum 團隊無法快速交付的常見症狀與原因。快速交付不再是一種奢侈或是加分選項，它是降低複雜工作的不確定性與風險的最有效方法之一，也是經驗過程控制理論的核心。透過快速交付，就能有很多機會來驗證產品的假設，並在需要時進行調整。在充滿複雜工作的環境中，快速交付實際上既是一種生存策略，也是一種資產。

你的 Scrum 團隊或組織是否苦於無法實現快速交付？不用擔心。下一章將提供一系列實驗、策略及介入方式，讓你幫助團隊從喪屍團隊的困境中復原。

實驗

「喪屍電影如果沒有一群愚蠢的人四處逃竄、看著他們手足無措的樣子，那就沒有樂趣了。」

——George A. Romero，
《活死人之夜》 導演

在本章中，你將會：

- 探索十個可以讓你加快交付的實驗。

- 了解這些實驗對於在喪屍 Scrum 中生存有何影響。

- 探討如何進行每個實驗以及需要觀察什麼。

在本章中，我們將分享一些實際可行的實驗來讓你加快交付。有一些實驗是為了建立透明性，這讓你在無法快速交付的情況下可以了解周遭所發生的事情，另外一些實驗則是為了讓你跨出第一步。雖然實驗難度各不相同，但每個實驗都將使下一個行動變得更加容易。

建立透明性與急迫感的實驗

喪屍 Scrum 盛行的組織往往難以理解快速交付的重點。他們要不是認為他們不可能快速交付，就是認為快速交付比一次性發布更沒有效率。為了彌補這個認知差距，以下實驗將展示團隊無法快速交付時會發生的狀況，以便營造急迫感。

為持續交付建立商業案例

持續交付（continuous delivery）是將發布管道（即從提交程式碼到發布）自動化的做法。如果無法持續交付，快速交付也會變得非常困難且耗時。持續交付是團隊的夢想，但他們卻總是用「再手動一次就好」來推遲持續交付。或許是管理層不想投資在持續交付上，因為他們認為這會減少團隊交付更多功能的時間，卻忘了每一次的手動發布已經耗費了團隊的寶貴時間。

當持續交付的承諾無法說服其他人投資時，將持續交付的承諾轉化為可量化的資訊將有所幫助。透過自動化部署管道，實際上可以節省多少金錢與時間呢？以下實驗就是一個好例子，示範了 Scrum Master 如何利用透明化來推動檢視性與調適性。

投入／影響比

投入		這個實驗需要為持續交付的目前與預期狀態進行一些準備、計算及研究。
對生存的影響		沒有什麼比讓喪屍面對自己決策所帶來的財務後果,更能讓他們從睡夢中驚醒。

步驟

若要嘗試此實驗,請執行以下步驟:

1. 如果是一般的發布,請在時間表上詳細安排目前的部署流程——包含團隊內部與外部,確保整個流程已考慮到讓使用者能與之互動。這個流程會包含哪些手動任務呢?例如:「撰寫發布說明」、「完成發布前測試程序」、「建立部署套件」、「部署前先備份」或「在伺服器上安裝套件」。你可以自行準備或與開發團隊一起準備此時間表。

2. 如果可以的話,請計算在一些發布中每個手動任務所需要的實際時間。這將提供你最可靠的資料。或者,請團隊成員估算他們通常需要花多少時間在每項任務上。

3. 根據你蒐集到的資料,計算每個步驟需要的平均時間。如果參與者不只一人,請將工時進行加總。此外,也要加總每個發布中所有手動任務花費的時間。這樣你就有一個衡量指標,這個指標可以告訴你每一個發布中可能有多少時間被浪費在手動作業。

4. 當你有實際發布的資料時,也可以將該次發布導致的錯誤修復、版本回溯及重工所花費的時間納入其中。

5. 確定組織中開發人員的時薪。如果無法取得這項資訊,你可以使用線上計算機將平均薪資換算成時薪。在大部份西方國家中,一個人的時薪大約是 30 美元。將時薪乘以整個發布過程中每個任務的總時數,就能計算出該發布的總成本。

6. 現在，你已經知道一個發布涵蓋的所有手動作業成本與每位參與者所花費的時間。例如：發布一個新版本需要 200 小時，且時薪為 30 美元的情況下，該發布的成本為 6,000 美元。如果你的組織每年要發布 12 次，那麼成本將高達 72,000 美元。

7. 與 Product Owner 一起思考手動任務所花費的總時數。粗略地說，如果把那些時間用來執行更多產品待辦清單上的工作，團隊可以交付多少價值？

8. 召集相關人員，詢問他們有哪些工作可以透過自動化來減少人員的投入，然後空出時間來完成更多有價值的工作。這樣做的目的並不是要將所有的工作都自動化，而是要從團隊認為可行且會帶來最大收益的地方開始進行自動化。當然，工作自動化需要投資。現在你可以將工作自動化的成本與組織投資自動化後獲得的收益相抵。

我們的發現

- 對於高昂的發布成本，人們的本能反應是減少發布頻率。你可以反其道而行，強調限制發布會讓變更的數量（即複雜度）增加，這樣會提高發布的風險與成本。透過將部分的流程自動化，你可以有效地幫助組織降低後續發布的風險與成本。這將使自動化成為你未來的投資。

- 單調乏味的手動作業會帶來一個反效果，那就是即使手動作業是必要的，人們還是會傾向於放棄它或是走捷徑，導致額外增加了非預期的工作。自動化流程不會讓人感到無聊，也不會遭受此限制所帶來的困擾。把這個維度加到你的計算中，你可以估算出，每次發布後修復問題花費多少時間，而如果按照規定執行手動步驟，這些問題是可以避免的。

衡量前置時間與週期時間

如果人們不知道產品待辦清單項目在組織中「進行」的時間，喪屍 Scrum 就會在這樣的環境下滋長。產品待辦清單項目只有在發布給利害關係人時才具有價值。不儘早發布這些項目本身就是一種浪費，因為這些項目在整個生命週期中都必須進行追蹤、管理及協調。

這個實驗的目的是透過**前置時間**（lead time）與**週期時間**（cycle time）這兩個與浪費相關的指標來讓浪費變得透明化。前置時間，就是從利害關係人的需求進入產品待辦清單到發布後滿足利害關係人的這段時間；週期時間，就是一個項目從開始到交付的時間。週期時間是屬於前置時間的一部份。前置時間與週期時間是敏捷的最佳衡量指標，前置時間與週期時間越短，你的交付速度就越快，你的回應能力也越強。這兩個時間在喪屍 Scrum 環境中會比在健康 Scrum 環境中要長的多。圖 8.1 說明了這一點。

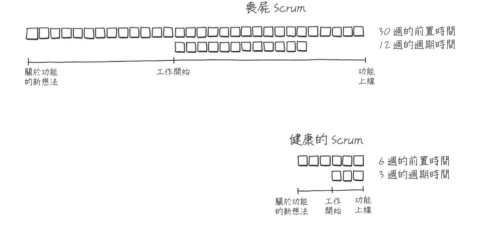

圖 8.1　喪屍 Scrum 與健康 Scrum 的前置時間與週期時間之比較範例。這些資料來自兩個真實團隊

投入／影響比

投入		這個實驗需要蒐集資料、計算及耐心，不需要複雜的技巧。
對生存的影響		基本上，週期時間與前置時間是非常有用的衡量指標，可以在關鍵時刻推動改變。期望生存率可以大幅提升！

步驟

若要嘗試此實驗，請執行以下步驟：

1. 為了讓這個實驗成功，你需要追蹤產品待辦清單上欲分析的每個項目的三個日期。你可以對所有項目的日期進行追蹤，也可以對其中一個項目進行追蹤。為每個項目新增到達日期，也就是將項目新增至產品待辦清單上的時間[1]。每當將項目新增至 Sprint 待辦清單時，請在該項目上填寫當下的日期，以追蹤團隊開始處理該項目的時間。最後，請記錄向利害關係人交付該項目的日期，這就是實際發布的時間，而不是團隊認為該項目「潛在可發布」的時間。

2. 每當向利害關係人發布項目，請以天為單位，計算該項目的前置時間與週期時間，並將這些時間連同項目一起保存。請記住，週期時間是從團隊開始進行該項目到發布之間的天數；而前置時間是從到達日期到發布日期之間的天數。持續執行一段時間後，你就至少有 30 個項目了。以統計角度來看，數量越多越有意義。

3. 以天為單位計算平均的前置時間與週期時間，並將其寫在活頁紙上。前置時間是「利害關係人等待我們去幫助他們的時間」，而週期時間是「我們完成某件事情所需要的時間」。如果你持續追蹤這些指標，隨著

---

[1] 假如項目從被辨識到最終加入產品待辦清單經常需要很長的時間，請追蹤項目被辨識的時間，以便獲得較準確的情況。

時間的推移，你就可以展示指標是否有改善（或降低）。本章的大部分實驗都可以幫助你降低這兩項指標。

4. 將週期時間與前置時間當作 Sprint 回顧會議與全組織工作坊的參考依據，並專注於如何縮短這些時間。可以採取什麼行動來縮短這兩項時間呢？為此，需要哪些人的參與？何處會出現讓前置時間難以縮短的阻礙？

5. 每個 Sprint（或更頻繁地）重新計算週期時間與前置時間，以監控進度並找出可進一步改善的地方。

我們的發現

- 利害關係人提出的需求可能會大到需要進行精煉。在這種情況下，請將精煉後產生的較小項目記錄成相同的到達日期。

- 有些 Scrum 團隊需要其他部門、團隊或人員進行額外的工作，才能發布給利害關係人。例如，另一個團隊可能需要進行品質保證、執行安全掃描或實際執行安裝。無論是哪一種情況，項目的發布日期必須是實際向利害關係人提供的日期。採用團隊交付工作給他人的日期作為發布日期是欺騙自己（與組織）一切都很順利的好方法。

- 計算週期時間的平均值是方便我們使用的一個粗略指標。使用散布圖與信賴區間是比較精確的方法。[2]

- 如果挑選的項目大小不一也不用擔心，由於我們採用的是平均值，因此差異會讓它趨於平均。只要確保工作小到（大約）足以放入一個 Sprint 即可。

---

[2] Vacanti, D. S. 2015. Actionable Agile Metrics for Predictability: An Introduction. Actionable Agile Metrics Press. ISBN: 098643633X.

衡量利害關係人的滿意度

詢問利害關係人的滿意度,其實就等於在問他們「你的工作對他們有多少價值」。他們是否認為你對於他們需求的回應夠積極?他們是否相信投入的時間或金錢能帶來足夠的價值?這個實驗單純就是將經驗法則套用於你與利害關係人的合作關係上。現在你可以根據客觀的資料進行決策,而不是只對利害關係人的滿意度進行假設。

投入╱影響比

投入		詢問一位利害關係人很容易,但詢問一千位就比較困難了。你可以自行決定難度。
對生存的影響		開始追蹤利害關係人的滿意度,並追蹤他們獲得多少價值——這就像對喪屍Scrum進行電擊療法。

步驟

若要嘗試此實驗,請執行以下步驟:

1. 找出最重要的利害關係人。不要讓那些實際上與你的產品沒有關係的人也參與其中。請參閱第 5 章以了解其中差異。

2. 從頻繁衡量利害關係人的滿意度開始做起。使用以下這些步驟的問題作為靈感,不需要詢問每一個人,只要抽樣即可;樣本數越大,結果就越可靠,因為這些分數的分布會趨於常態,而且不容易出現極端情況。我們喜歡將分數與歷史的分數展示在團隊空間中,這也是我們需要在 Sprint 審查會議或 Sprint 回顧會議中檢視的資訊。

3. 當利害關係人親自出席 Sprint 審查會議,那麼會議結束時就是衡量利害關係人滿意度的大好機會。

4. 為了衡量利害關係人的滿意度，你可以建立簡短的問卷。問卷可以是紙本或數位形式。讓問卷保持匿名且簡短可以消除人們參與的障礙。請務必說明這些資料將如何協助你的團隊更有效率。

你可以使用以下問題作為起點，或是替換成你自己的問題。每個利害關係人的滿意度將以他們對以下四個問題評分到平均分數呈現（從 1 ～ 7 分的評分）。你可以透過平均每個人的得分，以計算出整體滿意度。

1. 從 1 ～ 7 分的評分，你對於我們回應你的提問、需求或議題的速度感到滿意的程度為何？

2. 從 1 ～ 7 分的評分，你對於投入的金錢或時間（或兩者）所產生的成果感到滿意的程度為何？

3. 從 1 ～ 7 分的評分，你對於我們交付功能、更新或修復的速度感到滿意的程度為何？

4. 從 1 ～ 7 分的評分，如果接下來的六個月，我們維持現在的狀況進行工作，你預期的滿意度為何？

我們的發現

- 計算各組利害關係人的平均分數時，你必須留意平均分數對極端分數是十分敏感的。一位極度滿意或極度不滿意的利害關係人將會扭曲結果。這裡提供一個非常粗略的準則，參與人數在 30 人以下的群體，中位數會比平均值更為可靠。參與人數在 10 人以下的群體，眾數比中位數更可靠。[3]

---

[3] 中位數是將所有數值從低到高排序後的中間值。如果所有數值的數量為偶數，則取中間兩個數值的平均值。眾數則是出現次數最多的數值。

- 不要用數字來比較團隊。每個團隊都是不同的。相反地，讓每個人參與其中——包括利害關係人——並理解這些數字代表的意涵，以及當分數較低時要如何合作改善。

開始更頻繁交付的實驗

Scrum 團隊一旦學到快速交付可以幫助降低複雜工作的風險，他們的下一個挑戰就是移除快速交付的阻礙。接下來的實驗將協助你在這些方面進行改善，讓你能夠更快速地交付成果。

跨出自動化整合與部署的第一步

自動化是實現快速交付的主要推動因素。若缺乏自動化，團隊就必須為每個發布重複執行手動作業，這將成為巨大的阻礙。這種乏味的工作可能會促使團隊抄捷徑，特別是他們花費在手動測試的時間，進而損害產品的完整性。

但是自動化也可能讓團隊不知所措，特別是當他們要處理一個從未把自動化納入考量的舊應用程式時。應該從哪裡開始？如果他們無法控制流程中的重要部分，那該怎麼辦？他們該如何開始整理大量的依賴關係與技術？

與其迴避這個歷程，先從一些可以掌握的簡單事情開始進行會更好。此實驗是以「15% 解決方案」（15% solutions）[4] 為基礎，這是一個從小地方著手而引發重大改變的活化結構。15% 解決方案是指你可以在無需他人批准或沒有資源的情況下進行的任何第一步，並且由你全權決定是否採取行動。這是一個建立信心、慶祝小成功及鍛鍊能力以克服困難的好方法。

---

[4] Lipmanowicz, H., and K. McCandless. 2014. The Surprising Power of Liberating Structures: Simple Rules to Unleash a Culture of Innovation. Liberating Structures Press. ASN: 978-0615975306.

投入／影響比

投入		自動化很困難，但辨識並執行第一步並不難。
對生存的影響		如果不實現自動化，你將無法真正提升交付速度，因此自動化能大大提升你的生存機會。

步驟

若要嘗試此實驗，請執行以下步驟：

1. 安排一間能夠容納團隊工作兩小時的會議室，並邀請你的團隊。讓大家自願參與，而不是要求他們參加。依照此實驗的範例（請參閱圖 8.2），在牆上或地板上準備一個標示著「價值／投入」的畫布。

2. 首先，讓討論從充滿希望的未來開始，而不是停滯在沉悶的現狀。請大家站起來，兩人一組，討論自己的工作自動化之後會是什麼樣子。哪些事情會變得更容易？哪些現在無法實現的事情會變得可以實現？重複三次此過程，並請每一組人重新配對。三分鐘之後，請成員再次重新配對，重複此過程，直到每個人都配對三次。最後，整個團隊花幾分鐘向彼此分享最令人驚艷、影響深遠或最重要的改變。

3. 現在你已經協助團隊創造了一個充滿希望的未來願景，讓我們回到現況。請大家花幾分鐘靜靜地寫下他們邁向未來的 15% 解決方案。15% 解決方案指的是現在團隊可以立即實施，不需要經過批准、不需要那些無法取得的資源。例如，可以是「用套件替換外部函式庫」、「為 X 建立一個通過的單元測試」或是「請 Dave 讓我們登入雲端部署伺服器」等。幾分鐘後，邀請大家以兩人一組分享彼此的想法，並產生更多想法。四分鐘之後，請兩人小組合併為四人小組，再花幾分鐘繼續分享並擴展他們的想法。之後，請每一個四人小組在便利貼上記錄 5 ～ 8 個他們認為最可行的想法，以準備在下一個階段使用。

4. 介紹價值／投入畫布。為了讓團隊有範例可以參考，請他們先提供一個非常容易實行的解決方案範例（例如「每小時自動檢查網站是否正常運行」）與一個非常困難的解決方案範例（例如「當部署新版本失敗時，能自動進行版本回溯」），並將其貼在畫布上。對影響較小與影響較大的解決方案進行相同的流程。然後請各小組花 10 ～ 15 分鐘，決定每個解決方案在畫布上的相對位置。

5. 當所有的解決方案都擺到其相對位置之後，與你的團隊一起花 15 ～ 20 分鐘的時間，挑選出想在下個 Sprint 處理的解決方案。選項可以從能「快速成功」（低投入，高影響）的解決方案開始，並避開「耗時燒錢」（高投入，低影響）的解決方案。如果選項很多，可以限制大家投票的點數，挑選他們認為有最高效益的項目。如果你是在 Sprint 回顧會議中進行此實驗，請將這些選項放入 Sprint 待辦清單中。如果你是在 Sprint 回顧會議以外的時間進行此實驗，請將這些選項放入產品待辦清單中。

6. 如果有需要，請重複進行此實驗，以持續在自動化方面取得進展。利用「快速成功」來建立信心，讓改變成為可能，並進一步探索「唾手可得的果實」與「重大勝利」（請參閱圖 8.2）。

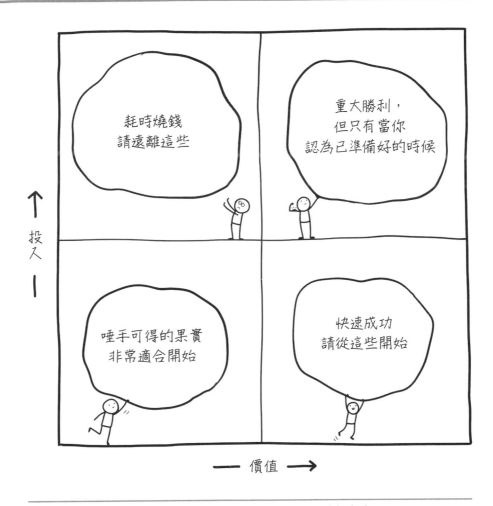

圖 8.2　價值／投入畫布是一種能快速挑選最可行選項的好方法

我們的發現

- 在畫布「高投入」這半邊的最終項目可能不是 15% 解決方案。你可以透過另一輪投票來精煉這些項目，以找出解決這些問題的第一步。

- 努力讓 Product Owner 參與其中，因為你可能需要他們的幫助與授權來實現解決方案。當 Product Owner 針對他認為最有價值的事情提供看法時，他也能理解快速交付所牽涉到的複雜性。

對完成的定義進行完善

完成的定義（definition of done）是管理每個產品待辦清單項目如何實現的規則。每個項目都必須符合完成的定義才能被視為「完成」。此定義藉由針對品質與專業性設定清楚的目標，以減少重工與品質問題。以下三個步驟可以讓你成功使用完成的定義：

1. 制定完成的定義。

2. 實際使用完成的定義。

3. 逐步完善完成的定義，使其更加專業。

如果你缺乏完成的定義，或是沒有使用它，那麼你必須先處理此問題，之後就能逐步擴展完成的定義來加快交付。

投入／影響比

投入		這個實驗很簡單。然而，建立部署流程的透明性可能並不簡單。
對生存的影響		一個可行的、有企圖心的完成的定義可以成為指引你快速交付的強大工具。

步驟

若要嘗試此實驗，請執行以下步驟：

1. 召集 Scrum 團隊，並熟悉目前的完成的定義。確保它準確反映你們目前進行的事情。在 Sprint 回顧會議期間定期進行此步驟是很好的時機。

2. 詢問自己「如果我們想在 Sprint 結束後立即發布，應該在完成的定義中添加哪些規則來確保帶來高品質的成果？」除了目前的完成的定義之外，還需要哪些檢查，使每個產品待辦清單項目與整個增量都可

「完成」，並且在 Sprint 結束時可以立即發布？請將那些目前看起來完全不可行，但能確保高品質發布的重要規則也加入，並將這些蒐集到的額外規則放在第二份清單中。

3. 現在你有兩份清單：一份是目前的完成的定義，而另一份是尚未遵循或無法遵循的規則清單。第二份清單代表著你現在正在進行的事項與為了減少複雜性工作的風險而必須進行事項之間的差距（請參閱第 4 章）。差距清單上的每一個事項都可以消除或減少眼前存在的風險。差距越大，你承擔的風險越多，要做的工作也越多。大多數喪屍 Scrum 團隊一開始都存在很大的差距。當你發現自己處於嚴重喪屍化的環境時，最好的策略是透過小幅改善來擴展完成的定義，而非進行巨大的改變。

4. 詢問你的團隊「如果想在 Sprint 結束後立即發布，我們應該從哪裡開始？」哪些是你的團隊現在就可以做，且不需要經過批准、不需要那些無法取得的資源？哪些人需要參與？你可以在哪裡尋求協助與支援？本章的實驗「跨出自動化整合與部署的第一步」與「每個 Sprint 都交付成果」能在你的團隊遇到困難時提供幫助。請確保提出具體可行的步驟，例如：將特定任務自動化或是邀請更多人一起擴展完成的定義。

5. 將一或兩個行動步驟添加到接下來的 Sprint 待辦清單中，並將完成的定義與差距清單清楚展示在團隊空間。與利害關係人一起討論完成的定義與差距清單。他們是你天生的盟友。擴展完成的定義可以提高品質，並讓利害關係人能夠更快地獲得價值。持續詢問：「我們可以找出哪些創新的解決方案才能將差距清單中的項目納入完成的定義，並預防相關風險？」

我們的發現

- 將較大的改善事項拆解成能在一個 Sprint 內完成的項目。拆成數個小步驟來進行會比一次大躍進更有幫助。

- 如果你已經可以在 Sprint 結束後立即發布，不妨讓實驗更加有企圖心，例如：請團隊考慮增加規則或步驟，以增進在 Sprint 期間就可以發布個別產品待辦清單的能力。

- 確保你的改善活動與商業需求一致。只有在每個 Scrum 團隊成員與利害關係人都同意的情況下，才能將大部分的 Sprint 時間用於改善事項上。

每個 Sprint 都交付成果

開發新產品時，你可能會想拖延到預計發布的所有事項都完成後才交付。開發團隊可能會擔心他們的成果品質還不夠好，因此延後發布產品。Product Owner 則希望延後發布，以增加更多功能，並提供更多的價值。這些決定有時候可能是正確的，但 Scrum 團隊漫無止境的延後發布會讓自己陷入失敗深淵。減少發布頻率將導致 Scrum 團隊失去改善產品或工作方式的壓力，並讓壞習慣趁虛而入。這使得 Product Owner 將越來越多無法估算價值的功能堆疊到日益增大的發布中，導致延遲回饋、增加浪費，延遲使用者從實際有用的功能中獲得價值的體驗。

這個實驗的用意是要使發布的壓力變得顯而易見。它沒有把快速交付視為奢侈行為，而是將快速交付視為一種基於回饋進行學習的原則，而 Scrum 團隊只能透過快速交付才能獲得這種回饋（請參閱圖 8.3）。

圖 8.3　當客戶迫切需要一個更簡單的版本時，開發團隊卻持續對產品添加更多細節

投入／影響比

投入		本實驗是重要的一大步。它需要信任、專注及勇氣。
對生存的影響		如果你目前發布的頻率不高，這個實驗就像一劑強心針。它將清楚指出障礙所在之處。

步驟

若要嘗試此實驗，請執行以下步驟：

1. 與 Scrum 團隊一起探討，當發布頻率不高時會有什麼後果？他們會犯哪些錯誤？會增加哪些風險？做為一個實驗，請至少在五個或更多個 Sprint 結束時，設定一個發布目標。

2. 一起探討第 7 章結尾所提到的幾種發布策略。在「每個 Sprint 都要發布」的原則下，哪一個策略最可行？

3. 一起決定如何慶祝產品發布。例如「Product Owner 要不要準備點心？」、「要不要一起去喝酒？」、「要不要一起看一部喪屍電影？」邀請你的利害關係人一同參與慶祝活動。

4. 追蹤自上次發布後經過了幾個 Sprint，並在 Sprint 審查會議與每日 Scrum 會議中注意這個數字。利用 Sprint 回顧會議來調查增加發布頻率後團隊所取得的成果。

5. 如果無法進行發布，請記錄無法發布的原因；這些是你要專心克服的障礙。舉例來說，團隊可能缺乏執行發布的所需技能，或是需要倚賴他人協助發布。技術與基礎設施可能不支援發布，或是 Product Owner 沒有發布產品的授權。

6. 在團隊空間中清楚展示自上次發布以來的 Sprint 次數，以及過程中遭遇的障礙。

我們的發現

- 這個實驗對 Scrum 團隊來說是一項重大的改變，需要 Scrum 團隊互相尊重與信任。當你（發起此實驗的人）都無法做到時，請先專注在其他的實驗。

- 你的團隊可能無法掌控發布。如果你無法改變發布的頻率或取得更多的控制權，你就不得不接受一個不完美的替代方案：發布到暫存或驗收測試環境中。雖然你無法獲得如同你向實際利害關係人發布時得到的相同效益，但你還是比不發布時學到更多。請在 Sprint 審查會議中，利用這個環境與利害關係人一同檢視你的增量。

- 利害關係人是你天生的盟友。讓他們參與其中可以幫助你排除交付的障礙，以便更快交付價值給他們。

提出有力的問題以完成任務

當 Scrum 團隊想在每個 Sprint 達成一個「完成」增量有困難時，自然就難以做到快速交付。這通常發生在團隊成員同時處理太多事情，導致一件事情也完成不了。當 Sprint 接近尾聲時，團隊成員會因為急於完成所有進行中的工作而感到壓力大增。這個實驗會讓你提出有力的問題來幫助開發團隊專注在 Sprint 目標。

在 Sprint 期間，你可以用溫和的方式挑戰開發團隊成員的協作方式。就像心理學家一樣，你可以提出那些每個人都知道要回答，卻礙於答案可能會帶來不便而選擇逃避的有力問題。每日 Scrum 會議正好就是提問的機會，你可以在會議中提出這些問題，因為這（至少）是可以協作的場合。

投入／影響比

投入		除了在每日Scrum會議中提問之外，不需要特殊的技能
對生存的影響		當Scrum Master轉換角色，並提出本實驗中所描述的問題時，一切將開始改變。

步驟

在開始進行這個實驗之前，先與開發團隊進行開放式對談，詢問他們是否願意讓你偶爾透過有力的提問來幫助他們思考。當他們敘述他們正在進行或預計進行的項目時，你（或其他人）可以提出這些範例問題：

- 執行此產品待辦清單項目將如何幫助我們達到 Sprint 目標？

- 如果你是利害關係人，為了達成 Sprint 目標，我們今天最重要的工作是什麼？

- 與其承接新任務，你能為其他人提供哪些幫助，讓他們完成進行中的工作？

- 別人可以在哪些地方協助你完成這個項目？

- 是什麼阻礙我們完成這個項目？我們需要哪些幫助？

- 如果我們暫停此項目的工作，對我們的 Sprint 目標會產生什麼影響？

- 我們目前合作遇到最大的瓶頸是什麼？今天我們可以做什麼來消除它？

- 如果我們選擇展開新的工作，而非處理進行中的項目，會提高我們實現 Sprint 目標的可能性嗎？

嘗試進行幾個 Sprint 後並觀察狀況。你可能會注意到其他人開始相互詢問類似的問題。學習提出正確的問題與如何提問，也是開發團隊必須學會的技能。

我們的發現

- 提出有力的問題並不難，難就在於如何以友善又讓人愉悅的方式進行提問，而不是聽起來讓人覺得高高在上且賣弄學問。請持續練習並尋求回饋。

- 如果你會因為提問時打擾到別人而感到不舒服，或是你留意到開發團隊對於你的存在感到抗拒，你可以跟開發團隊協議一個他們可以使用的信號，讓你知道他們何時可以接受提問。

優化流程的實驗

如果團隊無法在一個 Sprint 完成所有待辦清單項目，將會難以達成快速交付。受阻的原因有很多，可能是團隊缺乏完成項目的所需技能、處理過於龐大的項目，或是同時處理太多事情。運用以下實驗可以幫助你透過消除瓶頸與同時處理較少的工作來優化流程。

使用技能矩陣來提升跨職能能力

你的團隊是否因為只有一個人能負責測試而遇到瓶頸？團隊中的開發人員是否因為執行某些工作時遇到困難而阻礙了其他人的進度？團隊成員是否因為無所事事而開始處理與目標無關以及價值較低的任務？這些症狀都是團隊的跨職能程度不足所造成的，而且會導致某些人的工作堆積如山，並延誤其他人的工作。

Scrum 框架建立在跨職能團隊的基礎上，因為跨職能團隊更能克服解決複雜問題時出現無法預測的挑戰。當工作項目可以順利平穩地進行時，表示你團隊的跨職能程度是足夠的。但是跨職能並不表示每位成員都可以執行任何類型的任務，也不表示每一項技能都至少要有兩位專家在團隊中。通常，團隊中只要有另一個人擁有某種特定技能，即使在該技能上的速度較慢與經驗較少，也足以改善流程，進而避免大部分的問題。

這個實驗為你的團隊提供實用的策略，以協助改善團隊的跨職能能力（請參閱圖 8.4）。

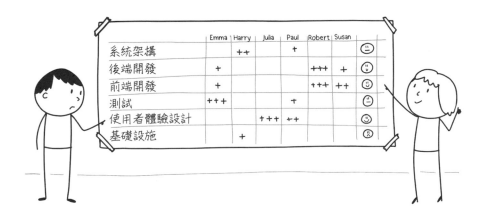

圖 8.4　使用技能矩陣來提升跨職能能力

投入／影響比

投入		這個實驗的目的在解決其中一個造成喪屍Scrum最棘手的原因。你可能需要處理離職與冷嘲熱諷的情況。
對生存的影響		找到讓團隊技能平均分布的方法不僅能夠改善流程，也有助於提升士氣。

步驟

若要嘗試此實驗，請執行以下步驟：

1. 與你的團隊一起規劃典型 Sprint 期間的所需技能。與團隊一起在活頁掛紙上建立一個矩陣，根據你確定的技能繪製在圖表上。邀請團隊成員自行決定擁有哪些技能，並運用加號（+、++ 及 +++）自我評估其熟練程度。

2. 完成矩陣後，詢問團隊「你有注意到團隊的技能是如何分布的嗎？有什麼顯而易見的特點？」邀請團隊成員針對此問題各自思考兩分鐘，接著兩人一組討論幾分鐘。再來請整個團隊在活頁掛紙上共同記錄重要的模式。

3. 詢問團隊「這對我們團隊的工作意味著什麼？我們應該把改善的焦點放在哪裡？」先讓團隊成員各自反思此問題，然後兩人一組討論幾分鐘，並將最重要的見解記錄在活頁掛紙上。

4. 詢問團隊「我們應該從哪裡開始改善？在不需要經過批准或資源的情況下，我們可能可以先採取的第一步是什麼？」先讓團隊成員各自反思此問題，然後請兩人一組進行討論數分鐘，最後整個團隊在活頁掛紙上共同記錄最重要的見解。當人們努力尋找各種可能性時，可以使用下一節所述的策略作為靈感。

5. 將這個技能矩陣放在團隊空間中並經常更新。你可以將這個技能矩陣
   與基於工作流的指標建立關聯，例如產能（throughput）與週期時間，
   隨著跨職能程度的提升，這些指標將逐漸獲得改善。請參閱實驗「限
   制進行中的工作」來學習如何做到這一點。

有許多方式可以提升團隊的跨職能能力。

- 你可以讓已具備團隊所需技能的人加入團隊。雖然這是一個看似顯而易
  見的解決方案，但我們不可能一直找得到有特定技能的人。此解決方案
  的架構仍有疑慮，因為它可能會讓技能變得像「打地鼠」一樣，也就是
  當其他技能變成瓶頸，你就必須增加更多擁有這些特定技能的專家。與
  其強調將特定技能集中在少數成員身上，還不如將技能平均分布來得更
  有效益。

- 你可以讓那些需要稀有技能的任務自動化。例如，建立資料庫備份或部
  署一項發布都是資料庫專家與發布工程師經常執行的關鍵任務。將這些
  任務自動化之後，不僅能提高此活動的速度，還能提高執行這些任務的
  頻率，同時還能移除稀有技能這項限制因素。

- 你可以刻意限制團隊的進行中工作，並將限制放在團隊可以開始進行的
  新工作數量上，以鼓勵跨職能能力。與其因為沒有其他項目可做而啟動
  一個新的產品待辦清單項目，不如詢問「我能如何幫助他人完成他們現
  在的工作？」，或是「別人能如何幫助我完成這個工作？」。每日 Scrum
  會議就是提供與請求幫助的好機會。

- 你可以鼓勵團隊成員在只有少數人才能完成的任務上進行配對。當經驗
  豐富與經驗不足的人配對時，經驗不足的人就會發展出新的技能，彼此
  也會找到更好的方法來互相支援。例如，將通常在前端工作的開發人
  員與後端工作的開發人員配對，可以讓他們在出現瓶頸時更容易互相支
  援。

- 你可以使用「需求規格實例化」（specification by example）[5] 等方法，讓客戶、開發人員及測試人員共同開發自動化測試案例。同樣地，前端框架（例如：Bootstrap、Material 或 Meteor）可以讓設計人員與開發人員更容易使用共通的元素設計語言進行合作。

- 你可以安排技能工作坊，讓擅長某項特定任務的人展示他們是如何完成這項工作，以幫助其他人執行該任務。

我們的發現

- 當 Scrum 團隊長期受到喪屍 Scrum 的影響時，他們可能已經相信什麼都不會改變了。你甚至可能面臨到可理解的冷嘲熱諷。如果是遇到這種情況，請試著從最小的改善事項開始，讓團隊成員知道改變是可行的，而且值得花時間去實現它。

- 當團隊成員專精的技能過於單一，他們可能很難看到擴展自身的技能對團隊的好處，也可能害怕失去自己在團隊中獨特可見的貢獻。努力慶祝團隊的成功，並強調團隊集體的成果而非個人的貢獻。

限制進行中的工作

單憑直覺來看，多工（multitask）似乎是完成更多工作的方式。但是，當人們，尤其是團隊成員，試圖同時做很多事情時，他們通常很難真正完成任何一件事。他們當然很忙，但當他們重新開始一項任務時，可能需要花很多時間來重新建立情境。當你思考團隊的工作方式，並分析他們實際完成了多少工作，你會發現，當團隊同時處理較少工作，反而能完成更多的工作。透過限制進行中工作來優化流程就是建立在這種與直覺相反的真理

---

[5] Adzic, G. 2011. Specification by Example: How Successful Teams Deliver the Right Software. Manning Publications. ISBN: 1617290084.

上。它與 Scrum 框架非常契合，因為它為團隊在 Sprint 期間如何優化工作指明了方向。

這個實驗提供了一個很好的出發點，讓你限制進行中的工作，並藉此觀察會發生什麼事。為了獲得更多的資訊與潛在問題，我們強烈推薦 Scrum.org 的《The Kanban Guide for Scrum Teams》[6]。

投入／影響比

投入		這個實驗能在正確的地方施加壓力，可能會浮現出一些令人痛苦的障礙，需要藉由創意與智慧來解決。
對生存的影響		限制進行中的工作是讓Sprint能完成更多工作的最佳方式。

步驟

若要嘗試此實驗，請執行以下步驟：

1. 與你的 Scrum 團隊建立一個 Scrum 板，以呈現產品待辦清單項目在目前的工作流中移動的狀況（請參閱圖 8.5）。例如，當一個項目從 Sprint 待辦清單中拉出時，先放在「編寫程式碼」，然後移動到「程式碼審查」、「測試」及「發布」，最後在「完成」狀態結束。從最少量的欄位開始，不要一開始就有十幾個欄位。

2. 與你的 Scrum 團隊共同決定特定時間內每個欄位允許的項目數量限制。例如，你可以決定在編寫程式碼與測試欄位中限制三個項目，而在其他欄位中限制兩個項目。雖然你希望盡可能地限制進行中的工作，但限制一個項目是不可能辦到的。找到最適合的限制數量是一種經驗過程，因此你可以嘗試不同的限制數量，並衡量它們在 Sprint 期

6　Vacanti, D. S., and Y. Yeret. 2019. The Kanban Guide for Scrum Teams. Scrum.org. Retrieved on May 26, 2020, from https://www.scrum.org/resources/kanban-guide-scrum-teams.

間是如何影響完成的工作量。查看一個正常的 Sprint 中有多少「進行中」的工作是一個很好的起點，然後減少進行中的工作，並看看會發生什麼變化。

3. 與你的 Scrum 團隊達成共識，在接下來的 Sprint 中遵守 WIP 限制。在實務中，只有當該欄位的工作數量低於其限制時，才可以把工作拉進去這個欄位。當每個欄位都達到最大容量時，有空的成員將結對或支援那些進行中的工作，而不是去挑選更多的工作。你將注意到，這些限制會藉由約束可能的選項來對作業體系施加壓力。團隊會學到協作是必要的，而不僅僅是增加更多的工作。當某些瓶頸變得明顯時，這些限制也會讓障礙浮現出來。舉例來說，當只有一位兼職成員可以負責測試時，測試欄位的工作很可能會快速堆積起來。

4. 追蹤兩個基於工作流的相關指標能幫助你決定要優化哪些地方，或是如何優化你的限制。第一個指標是**產能**，也就是每個 Sprint 完成的項目數量。第二個指標是**週期時間**，也就是該項目在 Sprint 待辦清單欄位到完成欄位之間停留在 Scrum 板上的天數。追蹤週期時間的簡單方式，就是對進行中的項目每天標註一個點，然後在完成時計算總共點數。當週期時間縮短時，你的團隊同時也會提升回應速度與可預測性。[7] 完成更多項目並交付更多價值時，產能通常也會增加。

5. 使用這些指標作為 Sprint 審查會議與 Sprint 回顧會議的投入，並用來決定是否需要調整進行中工作的限制數量。

---

[7] Vacanti, Actionable Agile Metrics for Predictability.

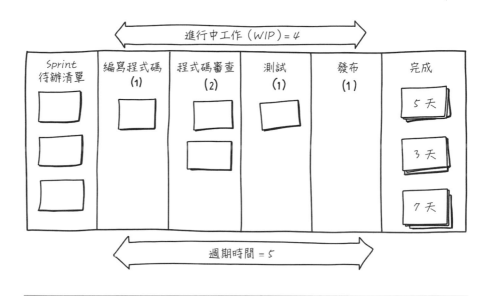

圖 8.5 一個具有進行中工作限制與基於工作流的指標之 Scrum 板範例

需要注意的事項

- 請克制在 Sprint 期間更改限制的誘惑，但可以藉由 Sprint 回顧會議來進行這些改變。追蹤這些改變對流程指標的影響。在大多數的情況下，增加進行中工作的限制數量實質上會掩蓋潛在的障礙。例如，將測試欄位中的工作限制提高以減輕團隊中一名測試人員的壓力，反而掩蓋了測試人員不足的事實。相反地，應該要尋找方法將更多具有該技能的成員加入團隊（例如透過培訓、引入新成員或其他測試方式）。

- 邀請你的 Product Owner 與利害關係人共同協助你消除那些因為實施限制進行中的工作而出現的障礙。幫助他們看到消除障礙將如何改善產能並縮短週期時間，以及這些為何對他們有益處。

拆解產品待辦清單項目

團隊無法按時發布的最常見原因之一是他們的項目太大，無法在一個 Sprint 內完成。項目越大，隱藏的風險與不確定性就越大。當團隊在一個 Sprint 內處理兩個、三個或四個巨大的項目時，每個阻礙或延誤都可能導致無法交付任何增量。因此，開發團隊最重要的技能之一就是學會如何將大型項目拆解為較小的項目。較小的項目可以提升團隊的工作流程、提高可預測性，以及讓團隊更靈活地決定在何處添加或刪除工作項目以達成 Sprint 目標。這正是 Scrum 框架中持續進行精煉活動的目的。

這個實驗是為了開始培養這些技能。作為 Scrum Master、開發人員或 Product Owner，你可以透過提出有力的問題來鼓勵這些技能的培養。此實驗是以活化結構中的「集思智慧」（wise crowds）為基礎而設計的。

投入／影響比

投入		提問很容易，但要提出創造性的解決方案來拆解那些看似「無法拆解」的項目並不容易。
對生存的影響		學會處理許多小項目而不是少數大項目是你能獲得最有用的技能之一。

步驟

若要嘗試此實驗，請執行以下步驟：

1. 與開發團隊一起組織一個精煉工作坊，讓團隊成員自願而非強迫參加。挑選出最大的幾個項目。如果可能，找出團隊裡最熟悉這些項目細節的成員，這個人有可能是 Product Owner，因為他最有可能是了解項目內容的人。將此實驗中列出的問題印在卡片上，如果有需要，可以添加更多問題。

2. 對於第一個項目，讓最了解該項目的成員（客戶）先簡單進行幾分鐘的介紹。接下來團隊（顧問）再花幾分鐘澄清問題。然後請客戶轉身背對團隊，避免影響接下來的討論。邀請團隊花十五分鐘討論如何拆解項目，並以下列的問題作為靈感來源。客戶可以自由做筆記，但不參與討論。

3. 客戶轉身面向團隊，並花幾分鐘分享他們聆聽後有什麼發現。哪些策略看起來最可行？給團隊十分鐘記錄他們的想法。

4. 當人們覺得他們還能從此練習獲得價值時，就可以重複進行。你可以針對同一個項目進行多次練習，並依照前面的練習建立新想法。

以下是你可以提出的有力問題：

- 如果我們只有一天的時間可以實現此項目，我們要專注在哪些事情？哪些事情可以稍後再做？

- 實現該項目的最小且最簡單的方法是什麼？

- 使用者使用此項目所描述的功能時，會經歷哪些步驟？我們現在可以實現哪些步驟？哪些可以晚一點再實現？

- 在此項目的重要商業規則中，哪些規則是最不重要或是影響最小的？哪些是可以暫時放棄或是以創意的方式解決？

- 此項目的「不滿意路徑」看起來會是什麼樣子：使用者可能會用哪些非預期的方法與此功能互動？哪些互動方式是最不常見的？

- 此項目的哪些驗收準則可以延後實行而不會被察覺？

- 哪些使用者群體會使用此項目？哪個群體最重要？如果我們專注在最重要的群體，有什麼事情是可以放棄的？

- 我們需要哪些裝置或呈現方式以支援此項目？哪些是最不常見或是最不重要的？

- 使用者會對此項目進行哪些 CRUD（新增、讀取、更新、刪除）的互動？哪些可以稍後實現而不會對現況造成太大的影響？

我們的發現

- 大部分開發人員熱愛他們的工作技能，並且重視他們所做的工作。他們不想交付不完整的東西——這是好事。如果開發人員開始針對拆解產品待辦項目會導致不完整或低品質而表示擔憂，這時就要強調拆解的目標不是為了交付不完整的工作，而是為了在這個完整且高品質的大項目中，找到一個可行的最小實現方式。

- 除了工作坊以外，要更新產品待辦清單的「行政工作」，尤其是使用 Jira 或 TFS 等工具來記錄時。因為等待人們處理行政工作會大大耗費團隊的精神與精力。

- 此實驗的目標並不是要讓產品待辦清單中的所有項目尺寸都相同，而是要專注於將每個項目盡可能地進行拆解。

接下來呢？

在本章中，我們探討了一些可以幫助你的團隊與組織更快交付成果的實驗。雖然這些實驗的難度不盡相同，但每一個實驗都能帶來顯著的改善。利害關係人滿意度提升、品質提升以及壓力減少都是顯示你正在復原的跡象。如果你仍然陷在困境中，接下來的幾章提供了更多實驗來幫助你解決其他問題。不要放棄希望。復原之路可能很漫長，但卻是一條值得走的路。

「在尋找更多的實驗嗎？新兵！*zombiescrum.org* 上有豐富的工具可供使用。你也可以提供你認為有用的工具，以協助擴充我們的工具箱。」

第四部分
持續改善

症狀與原因

「喪屍會讓一切變得更美好——才怪。」

——Lily Herne，
《Deadlands》

在本章中，你將會：

- 了解持續改善的意義。

- 探索最常見的症狀與難以改善的原因。

- 探索健康的 Scrum 團隊如何採用持續改善。

真實經驗

開發團隊聚在一起準備進行 Sprint 回顧會議，他們的臉上毫無熱情，並且抱怨會議時間太長。某個開發人員總結了其他人的感受，並說「會議的重點到底是什麼？」但既然團隊已經同意嘗試 Scrum，因此他們下定決心要充分運用它。

門突然被推開，擔任 Scrum Master 的 Jessica 衝了進來：「對不起！我另一個團隊的 Sprint 回顧會議花費的時間超出了預期。」不過，她並沒有花太多時間安排會議，因為團隊之前已經做過很多次了。Jessica 在白板上畫了兩欄，將左欄標示為「做得好」，右欄標示為「待改善」。這是她在網路上找到的格式，自從三個月前開始敏捷轉型，她便一直使用這個方式，並套用在她的六個團隊中。畫好之後，她要求大家把想到的東西寫在便利貼上，然後貼到相對應的欄位上。

幾分鐘後，「待改善」欄位已經被貼滿了，另一邊「做得好」欄位則是空蕩蕩，只貼了一張寫著自助餐廳的漢堡現在變得更好吃的便利貼。老實說，過去七個 Sprint 都出現同樣的情形，大部分的建議都是試圖解決團隊沒有能力完成任何事情的問題。為此，團隊的測試人員 Pete 已經精疲力盡，在過去的三個 Sprint，Pete 只能待在家裡休養。儘管團隊數次提出招募測試人員的需求，但都被人力資源部門拒絕了。相反地，人力資源部門認為團隊應該繼續進行 Scrum 直到 Pete 回來，並且用 Pete 的方式測試待辦清單中的項目。另一個需要改善的地方與 Product Owner 有關，因為他不斷地將項目加入 Sprint 待辦清單中，或是將團隊正在進行中的項目移除。儘管 Product Owner 從未出席 Sprint 回顧會議，但是團隊知道他其實別無選擇。在敏捷轉型開始時，管理層決定指派需求分析師成為 Product Owner，因為他們認為需求分析師最有能力將利害關係人的需求轉化為開發團隊需要的明確需求。管理層這麼做的同時，卻沒有授予決策權給這些轉任為 Product Owner 的分析師。所以當利害關係人急需要某個項目時，這些「Product Owner」覺得他們別無選擇，只能立即將該項目加入 Sprint 待辦清單中。

> 開發團隊認為 Sprint 回顧會議幾乎沒什麼意義。他們已經多次提出那些
> 有待改善的項目，其中最常提出的是「賦予 Product Owner 權限」與
> 「找一個新的測試人員」。當 Jessica 詢問團隊要如何做到這點時，團隊
> 指出管理階層與人力資源部門應該負責解決這些障礙。可是事情從來沒
> 有改變，導致團隊成員逐漸對使用 Scrum 工作喪失興趣。

遺憾的是，許多 Scrum 團隊想要努力找出具體的改善方法，卻只是得到
膚淺、模糊或是完全超出他們掌控的改善機會。在回顧會議中，從團隊所
表達的信念與態度，顯示出他們還不足以稱為自管理（self-managing）與
跨職能（cross-functional）團隊（與該主題有關的更多內容，請參閱第 11
章）。舉例來說，團隊成員堅持他們磨練多年的技能。他們不願意或無法
嘗試新事物，而且與其他團隊成員分享知識可能會讓他們感到不安。在本
章中，我們將探討喪屍 Scrum 如何阻礙 Scrum 團隊持續改善，以及如何
辨別症狀與找出潛在原因。

究竟有多糟？

透過 survey.zombiescrum.org 的線上症狀檢測工具，我們持續監控喪屍
Scrum 的擴散與流行情況。截至撰寫本書時，已參與檢測的 Scrum 團隊狀況
如下：*

- 70% 的團隊從未或很少使用指標來找出需要改善之處。

- 64% 的團隊不會積極與團隊以外的人互動以學習新知或進行專業上的討論。

- 60% 的團隊從未或很少慶祝他們達成的成功，無論成功的大小程度如何。

- 46% 的團隊從未或很少鼓勵團隊成員學習新知、閱讀專業書籍或參加聚會與
研討會。

- 44% 的團隊 Sprint 回顧會議無法為下一個 Sprint 帶來改善。

- 37% 的團隊認為冒險嘗試新事物是很困難的。

---

* 這些百分比是在10分為滿分的評分制度下，獲得6分或更低分數的團隊。每個主題以10～30個問題進行衡量。這項結果來自2019年6月至2020年5月期間參與**survey. zombiescrum.org**自我報告研究的1,764個團隊。

為何要持續改善？

很少有團隊能一開始就完美地運用 Scrum 框架。就像學習樂器一樣，Scrum 需要經過長時間的實踐與改善。正如同我們在前幾章所看到的，Scrum 與過去團隊開發產品以及與利害關係人合作的方式截然不同。Scrum 團隊通常需要在不同領域中進行改善並克服許多障礙，才能實現更高的客戶滿意度目標。克服這些障礙考驗著團隊能否找出他們自己的解決方案。因為每個團隊、每個挑戰及每種情境都是獨一無二的，所以不能只是複製別人的「最佳實踐」，期待它們發揮功效。相反地，團隊需要嘗試不同的方法，以找出最適合他們的解決方案。

我們注意到團隊通常會在表現比較差的時候開始使用 Scrum 框架。但是，如果他們利用回饋持續地學習與改善，他們的表現水準將隨著時間越來越高。Scrum 指南清楚闡明，Sprint 待辦清單中應該至少包括一項從上個 Sprint 回顧會議中確定的高優先等級的改善項目。當團隊專注在每個 Sprint 移除至少一個障礙，無論是完全移除還是部分移除，那些小規模增量的改善會隨著時間逐漸積累成大規模的改變。

什麼是持續改善？

持續改善是一種不僅適用於單一團隊，也適用於整個組織的學習形式。組織理論家 Chris Argyris 在他的著作《On Organizational Learning》中將組

織學習定義為一種錯誤檢測學習形式。[1]當一群人在沒有產生（新的）錯誤的狀況下達成他們追求的成果時，人們就會學習。當檢測到不匹配的情況，並產生對應的解決方案時，人們也會學習。例如，Scrum 團隊發現他們經常超過每日 Scrum 會議的時間盒，是因為成員不斷在底下討論其他事情。為此，他們決定將對話限制在與 Sprint 目標相關的內容上。換句話說，學習既需要發現錯誤，也需要實施解決方案。

Scrum 框架基本上是一個可以檢測兩種錯誤類型的機制。第一種類型是 Scrum 團隊在開發產品時所檢測到的錯誤，涵蓋範圍從程式缺陷到需求的錯誤假設。第二種類型是為了及早檢測出這些錯誤，預期所需要的事物與實際進行的差距。這些都是團隊憑藉（更多）經驗進行工作時而發現的障礙。Argyris 認為，專注於這兩種錯誤類型可以讓團隊與組織以兩種互補的方式進行學習：單迴圈學習用於第一種錯誤類型，雙迴圈學習用於第二種錯誤類型。

如圖 9.1 所示，單迴圈學習著重的是，在由一系列信念、結構、角色、程序以及規範所定義的現有系統中解決問題。雙迴圈學習則挑戰系統本身。舉例來說，在單迴圈學習中，Scrum 團隊可能會探索不同的技術來估算他們的產品待辦清單，以達到預測的目的。Scrum 團隊也可能利用雙迴圈學習來挑戰預測本身的目的，並且尋找其他方式來滿足預測的需要。另一個例子是，在單迴圈學習中，開發人員試圖快速修復損壞的單元測試，而在雙迴圈學習中，開發人員會先質疑為何單元測試這麼容易損壞。最後一個例子是，在單迴圈學習中，Product Owner 試圖更好地記錄產品待辦清單中的需求；而在雙迴圈學習中，Product Owner 可能會先質疑在經驗過程中制定詳細需求的必要性。單迴圈學習改善的是現有系統中可能存在的問題，而雙迴圈學習則是挑戰與改變系統，並幫助人們改變（有時是根深蒂固的）假設與信念。

---

[1]　Argyris, C. 1993. On Organizational Learning. Blackwell. ISBN: 1557862621.

雖然這兩種學習類型對於持續改善都很重要，但是 Argyris 強調，雙迴圈學習對於非例行性的複雜工作尤其重要，團隊不僅需要不斷挑戰自己進行工作的方式，還要挑戰這麼做的原因。工作方式由計畫導向轉為經驗導向，組織必須經歷許多改變，這意味著組織需要採用高度的雙迴圈學習來改變關於風險、控制、管理以及專業精神等基本信念。如果組織發現自己無法改變那些阻礙發展的規則、規範及信念，那麼組織將很難保持競爭力。不幸的是，Argyris 還指出，訓練有素的專業人員在實踐雙迴圈學習時會特別吃力，因為這挑戰了那些以前讓他們成功的實踐經驗與技能。

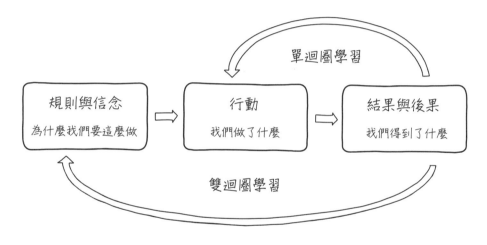

圖 9.1　單迴圈學習與雙迴圈學習的區別 [2]

幸運的是，有目的地使用 Scrum 框架可以幫助團隊利用這兩種學習類型，建立工作進行方式的透明度，並創造檢視與調適的機會。儘管所有的 Scrum 事件都能幫助團隊透過檢視與調適進行學習，但 Sprint 回顧會議是最能直接反映工作方式的事件。當此回饋只專注於尋找新的做法與技術（單迴圈學習），而不少了挑戰背後的信念與規則（雙迴圈學習），那麼這種反映的好處就很有限。受到喪屍 Scrum 感染的團隊傾向於將自己侷限在

---

[2]　Source: Argyris, On Organization Learning.

單迴圈學習，無法從雙迴圈學習中受益，原因在於目前他們對於管理、產品、人員管理方式及風險控制方法的信念都沒有受到挑戰。

持續改善還是敏捷轉型？

許多組織會採用「敏捷轉型」開啟他們的 Scrum 之旅，並著重於降低成本、提高回應能力或讓利害關係人感到滿意。管理層引進外部顧問與教練、讓團隊參加培訓及相應地改變角色與結構。如同毛毛蟲蛻變成蝴蝶，「轉型」意味著透過一致的組織變革計畫，讓組織在相對短的時間內從一種狀態（例如：瀑布式開發）轉變成另一種狀態（例如：敏捷與其它價值驅動方法）。

這些轉型很少能成功提高團隊的回應能力。雖然很難找到高品質的研究，但我們的喪屍 Scrum 調查顯示，超過 70% 的 Scrum 團隊不常與利害關係人合作，60% 的團隊沒有頻繁交付可運作的軟體。我們無法根據資料來得知這些團隊是否正在（或已經）參與敏捷轉型，結果也沒有顯示他們的回應能力有產生巨大變化。這與我們自己在已進行敏捷轉型的受訪組織所觀察到的結果相符。其回應能力、與利害關係人的合作能力實際上幾乎沒有改變。而且，如果缺乏有意義的結果，組織很快就會轉向下一個前景看好的轉型，而這也只是再次重複此過程。

Kurt Lewin 的力場分析模型（請參閱圖 9.2）[3] 可以幫助我們理解為何改變會如此困難。Lewin 是團體動力學與行動研究的先驅之一，他認為社會系統——組織就是其中一個例子——處於一種平衡狀態，有些力量會推動並改變問題，而另一些力量則會阻止其改變。這些力量包含人們抱持的信念、關於工作方式的社會規範、環境中正在發生的事物，或是人們或團體所採取的行動。在任何情況下，當推動改變的力量超過阻止的力量時，就

---

[3]　Lewin, K. 1943. "Defining the 'Field at a Given Time.'" Psychological Review 50(3): 292–310. Republished in Resolving Social Conflicts & Field Theory in Social Science. Washington, D.C.: American Psychological Association, 1997.

會發生改變。這種平衡狀態會因為力量漸漸增強、減弱或甚至改變方向而起伏不定。

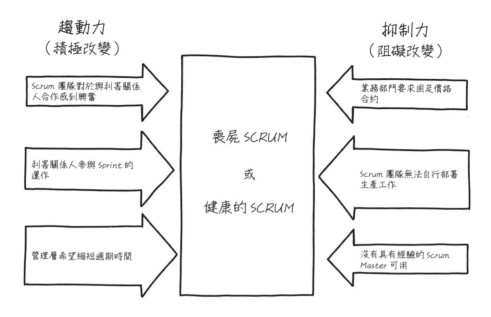

圖 9.2 現狀往往難以改變，因為驅動改變的力量不足以抵抗抑制改變的力量[4]

這個模型幫助我們了解組織變革的三個重要事實。首先，變革永遠不會完成（或「實施」），因為當反對力量增強時，任何改變都會退回到原先的狀態。其次，改變現狀可能非常困難，因為有無數的有形、無形力量推動或反對這些改變。第三，對於工作方式的潛在信念與假設是我們在組織中發現最有約束的力量之一。

力場分析模型顯示了雙迴圈學習對於挑戰這些信念的重要性。如果 Scrum Master 認為他們就是專案經理，要對成果負起明確責任，他們將持續以削弱開發團隊自管理與持續改善能力的方式行事。而且當人們認為他們必須

---

[4] Source: Lewin, "Defining the 'Field at a Given Time.'"

全力避免錯誤,就無法創造出一個讓 Scrum 團隊從錯誤中學習、不怕懲罰的環境。

Scrum 框架不僅幫助團隊提高回應能力,也為他們提供了一個可隨著時間推移而學習與改善的過程。有些改變是單迴圈學習,即團隊與組織發現新的技術與作法來完成他們的工作。其他改變則是雙迴圈學習,即工作的目的與其管理規則本身受到質疑。深度學習能讓那些提升敏捷性的力量(驅動力)克服限制敏捷性的力量(制約力),創造維持改變的條件。

為什麼我們無法持續改善?

既然持續改善如此重要,為什麼無法在喪屍 Scrum 中實現?接下來,我們將探討常見的觀察結果與其根本原因。當你理解了原因,選擇合適的介入措施與實驗將變得更加簡單。這份理解也會讓我們對那些受到喪屍 Scrum 所苦的團隊與組織產生同理心,同時更明白儘管每個人都想做到最好,但結果往往不如預期。

在喪屍 Scrum 中,我們不重視錯誤

進行複雜工作時會出錯也是難免的。正如同我們在第 4 章所探討的,複雜工作的本質充滿不確定性且難以預測,執行這項工作的人記憶不可靠、做出的決策不完美、無法看見事實的全貌,以及時常得出錯誤的結論。結果就是程式錯誤發生、有些明顯的錯誤假設在事後才被發現、重要的資訊也被遺忘。幸好,Scrum 提供了一個框架,能夠及早發現這些錯誤並學習如何預防。嘗試新事物時,即使結果不如預期,也可以從錯誤中學習並再次嘗試:簡而言之,這就是持續改善。

那些飽受喪屍 Scrum 所苦的組織不計一切代價避免犯錯,或是他們沒有意識到可以從錯誤中學習。舉例來說,Scrum 團隊因為風險過高而無法自行部署增量,或是因為覺得太難達成,又不敢大膽嘗試新技術,因而無法在

每個 Sprint 發布新版本。當你說 Scrum 框架是一種快速失敗的方式時，大家會瞪大眼睛，疑惑反問：「為什麼你想要一開始就失敗呢？我們反而應該叫它『快速成功』吧。」或是說「我們不要談論『實驗』或者『最小可行性產品』（minimum viable product）——這會讓人感到不安」。他們沒有將錯誤視為學習的機會，反而將錯誤視為應該避免的事情。

需要注意的徵兆：

- 管理層希望將實驗稱為「新計畫」，因為「實驗」一詞會給人一種結果不明確、可能會犯錯的印象。

- Product Owner 告訴開發團隊，在他們能保證產品百分之百沒有錯誤之前，不要發布產品。

- 在 Sprint 規劃會議中，只挑選簡單但價值不高的產品待辦清單項目。而那些更有價值且風險較高的項目反而被忽略。

- Sprint 的成果被分批納入大型且不頻繁的發布中。或是團隊交付他們認為「完成」的增量，但實際上需要其他人做更多的工作才能將其部署到正式環境中。

當大規模的部署導致重大問題時，可能會永久損害組織的聲譽。就像是 HealthCare.gov[5] 最初上線時的慘敗，或是期待已久的遊戲 No Man's Sky[6] 在推出後引發的負評風暴一樣。這些大規模且嚴重危害聲譽的錯誤背後反覆出現的模式是，所有的風險都在開發的最後階段浮現——也就是當產品最終發布時。儘管每個人都全力以赴，但任何的錯誤，舉凡嚴重的程式錯

[5] Cha, A. and L. Sun. 2013. "What Went Wrong with HealthCare.gov." Washington Post. October 23. Retrieved on May 27, 2020, from https://www.washingtonpost.com/national/health-science/%20 whatwent-wrong-with-healthcaregov/2013/10/24/400e68de-3d07-11e3-b7ba-503fb5822c3e_ graphic.html.

[6] Schreier, J. 2016. "The No Man's Sky Hype Dilemma." Kotaku.com. Retrieved on May 27, 2020, from https://kotaku.com/the-no-mans-sky-hype-dilemma-1785416931.

誤或效能不佳，都有可能導致巨大的影響。這些錯誤可能導致一家公司破產或身敗名裂。我們的直覺反應是進行更多的前期規劃與分析來解決問題，並試圖找出潛在的風險。不幸的是，這種方法提供了虛假的安全感：由於複雜工作的性質，大部分的風險在真正進行工作前都是未知的。

正如我們在第 4 章所探討的，Scrum 框架透過將損害範圍限制在單個 Sprint（或更少）內，提供一種降低風險的更好策略。與其避免那些必定發生的錯誤，Scrum 透過提供一個讓團隊能及早發現錯誤，更快修復錯誤的流程，以降低錯誤對於專案的影響。更重要的是，此框架允許團隊透過交付可運作的產品增量，並衡量其結果來改善他們的工作流程、協作方式及技術。藉由這種方法，團隊有時會發現他們所打造的並不是正確的解決方案，或者它的成效不如預期。但與團隊經過長時間努力交付並衡量結果後，才發現相比之下這些錯誤反而微小且容易修正。藉由執行許多的小修正，他們降低了需要進行大幅度修正的可能性。這就好比我們的免疫系統暴露在病原體環境中會變得更加強大一樣，當團隊犯錯並從中復原時也會變得更有韌性。但諷刺的是，那些陷入喪屍 Scrum 的組織卻忙著清除周圍環境中的所有病原體，以至於最終因為一場普通的感冒而導致病危。

嘗試以下實驗來改善你的團隊（請參閱第 10 章）：

- 在 Sprint 回顧會議中提出有力的問題。
- 共同深入挖掘問題與潛在的解決方案。
- 建立低科技的衡量指標儀表板以追蹤成果。

「每個人都會犯錯。你可能刪錯文件，或者買到了不黏的便利貼，甚至不小心在白板上使用擦不掉的麥克筆。這些事情都可能發生。但我們不能在犯錯的時候彼此互相指責，因為這會讓我們無法互相支援。」

在喪屍 Scrum 中，我們沒有具體的改善

Scrum 框架提供了明確的成功準則：每個 Sprint 交付一個潛在可發布的增量。這並不是馬上就能達成的，因為它需要我們解決本書中提到的許多難題。逐步改善，以小步驟進行，是讓改變維持可管理與激勵性的最佳策略。

然而，當團隊提出的小步改善模糊且不具體，像是「改善溝通」與「強化與利害關係人的合作」，就會遇到嚴重的問題。雖然這些都是不錯的目標，但卻無法告訴你該從哪裡開始做起，以及成功的樣貌為何。團隊如果遇到這類改善步驟，就應該反問自己，「如果溝通變得更良好，會有什麼不同？」與「如果我們強化與利害關係人的合作，將會是什麼樣子？」具體的改善方案並搭配衡量指標可以幫助人們了解他們所承諾的是什麼；模糊的改善建議很容易達成共識，但卻難以衡量它們是否偏離了目標。這將使我們很難真正成功地改善與建立信心。

另一個針對這個狀況的方法就是我們稱作的「Happy-Clappy Scrum」（請參閱圖 9.3）。在這個例子中，Scrum 團隊集中精力利用網路提供的遊戲與引導技術，來讓 Scrum 事件更有趣、輕鬆及充滿活力。這種現象通常發生在團隊無法影響阻礙，而他們好意的改善努力僅止於表面。雖然創造包容與充滿參與感的環境具有很大的價值，但當團隊沒有實際檢視他們的結果

與根據回饋來調適產品與做法時，這樣的方式對 Scrum 團隊並沒有幫助。Scrum 團隊沒有利用 Scrum 事件來消除更大障礙，並進行檢驗與調適，而是一昧地不停激勵人們在這個了無生機的喪屍 Scrum 度過又一個 Sprint。但無論 Sprint 回顧會議多有趣，當團隊沒有得到真正使用者的回饋來說明產品對使用者的影響，他們都不會感到更好。無論你的 Sprint 規劃會議多麼充滿活力與快速，當你的利害關係人還需要等待一年才能獲得你們完成的工作時，這並不會讓他們感到更加愉悅。

圖 9.3　有趣與快樂確實是 Scrum 團隊的一部分，但它們不應該比向利害關係人交付價值還要重要

需要注意的徵兆：

- Sprint 回顧會議沒有帶來任何改善。

- 對於 Sprint 回顧會議中產生的行動方案，不清楚該從何處開始或認為成功的樣貌很模糊。

- Scrum 團隊或 Scrum Master 將改善的重點放在使用更多遊戲與引導技術來讓 Scrum 事件更有趣。

- Scrum 團隊不會在 Sprint 回顧會議期間檢視指標來找出需要改善的地方。

- 團隊成員經常將實施行動方案的責任推給團隊外的人。

Scrum 團隊需要學習的一項重要技能就是提出明確的改善建議，以及將需要改善的項目拆解成小步驟。就像將產品待辦清單上的大項目拆分成小項目來讓它更容易完成，將大型改善事項拆解成小步驟可以增加改善的成功機會。那些深受喪屍 Scrum 所苦的團隊，往往就是陷入那些巨大且令人喪志的改善，例如「Product Owner 應該要有更大的權限」，或是迷失在模糊的改善方案中，因為這些改善並沒有指出該從哪裡開始。

嘗試以下實驗來改善你的團隊（請參閱第 10 章）：

- 建立 15% 解決方案。

- 聚焦在該停止做的事。

- 建立改善配方。

在喪屍 Scrum 中，我們沒有為失敗建立安全感

當團隊不允許不確定性、懷疑或批判時，他們就無法改善。受到喪屍 Scrum 影響的團隊，其工作環境表明不接受任何懷疑與不確定性。他們通常會制定各種防禦策略來防止不確定性。從細微的策略，例如：改變話題或隨意駁斥相反的觀點，到非常明目張膽的手段，例如排擠或批評意見不同的人。

團隊是一種社會體系，團隊內外成員過去的行為，會塑造人際互動的社會規範（反之亦然）。當懷疑與不確定性被忽視時，將會形成並加深一種「批判『在我們這裡是不允許的』」的社會規範。同樣的情境也出現在發現他人遇到困難從不求助，導致每個人在遇到困難時不尋求指引，而是得過且過。以上這些徵兆形塑了整個組織文化。

需要注意的徵兆：

- 人們對提出行動的擔憂、疑慮及不確定性會被他人忽視或嘲諷。

- 團隊成員彼此私下抱怨，但卻因為害怕被貼上「負面」的標籤，而不敢在團隊中表達不滿。

- 當團隊成員在工作上遇到困難，他們不會向他人尋求幫助。或者他們要拖上好幾天才求助。

- 在 Sprint 回顧會議中，團隊的焦點始終聚焦在微小的改善上，而不是那些進展明顯不如預期的重要事情。

- 當團隊在一起時，成員從不表達擔憂與疑慮，大多只是在閒聊。

- 在團隊會議中，成員呈現防衛性的肢體語言。雙臂交叉，身體後仰（而非向前傾），而且都不願面向彼此。

社會科學家 Edgar Schein 描述組織文化 [7] 就像是一顆三層的洋蔥（請參閱圖 9.4）。洋蔥的外層是由你在組織中觀察到的人造品與符號所組成的，從人們的頭銜或辦公室的大小，到人們的座位編排或誰在會議上最先發言。洋蔥的核心是由人們對彼此及其工作抱持著根深蒂固且通常無意識的假設。例如：「經驗豐富的人比你更值得受到重視」或是「遇到困難時，同事會幫助你」。在外層（看得見的元素）與核心（假設）之間的，則是當你詢問時人們會積極擁護的信念與價值觀。這些通常會出現在文化宣言或工作協議。

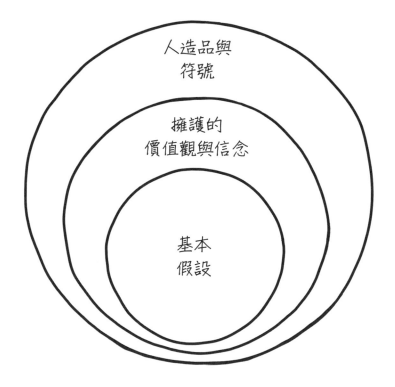

圖 9.4　組織文化可以被理解成一顆洋蔥，從非常容易觀察到的人造品與符號，到根深蒂固的信念及基本假設 [8]

---

[7]　Schein, E. H. 2004. Organizational Culture and Leadership. 3rd ed. San Francisco: Jossey-Bass.

[8]　Source: Schein, Organizational Culture and Leadership.

當組織的各層面之間存在不一致時，就會遇到問題。尤其是處理錯誤與不確定性問題時特別明顯。即使組織與團隊在工作協議中表明「當你有疑慮時就提出來」，但真正只有少數會積極主張那些可以消除疑慮與不確定性的價值觀。當所主張的價值觀（中間層）跟實際行為（外層）不相符時，團隊的信念就會漸漸改變（核心層）。

假如團隊宣言指出「你應該在需要時尋求幫助」，但每當你尋求幫助時卻沒有人願意伸出援手，人們最終會停止尋求幫助。如果公開主張的價值觀是「不知道時要承認」，但是領導者自己從不承認他們不了解某些事物，人們最終也會開始假裝理解。為了渴望尋求社會團體歸屬感（實際上所有團隊都是如此），人們開始自我審查以融入團隊。由此產生的人為和諧阻礙了持續改善，因為人們停止尋找或挑戰那些不順利的事情。

組織文化就像一條由眾人踏出的小路。人們對於犯錯、表現出不確定性與展現脆弱抱持根深蒂固的信念，會隨著時間被自己與他人的行為和環境中的人為因素所強化。路徑的痕跡越深，就越難改變方向。對於那些陷入喪屍 Scrum 困境的團隊，這些痕跡被刻劃得特別深。這使得人們很難創造一個可以安全學習的環境。

> 嘗試以下實驗來改善你的團隊（請參閱第 10 章）：
>
> • 在整個組織分享障礙資訊。
>
> • 聚焦在該停止做的事。

在喪屍 Scrum 中，我們不慶祝成功

有時候，團隊太過於專注在潛在的改善，反而會忽略那些已經做得不錯的事情。正如本章開頭所呈現的資料，無論成功大小，很少有團隊願意找機會慶祝它們。當人們的貢獻無法獲得認可時，這將令人感到多麼沮喪？

需要注意的徵兆：

- 當事情進展得很順利或是已經做得不錯時，人們也不會彼此讚美。
- 即使事情已經進展得很順利，人們也會立即轉向新事物以求改善。
- 當 Sprint 進展順利時，利害關係人不曾給予正面的評價。

有些人對於「慶祝」這個詞感到遲疑，害怕出現虛假的讚美或沒來由的興高采烈。或者他們覺得必須先完全解決問題，才能慶祝邁向解決方案的一小步。若每個問題都需要完全解決，團隊才能對所完成的進度感到開心，這樣的標準太嚴苛了。慶祝只不過是認可對目標的進展而已，它不一定是用來表示工作已經結束，也不表示壓力解除。

慶祝成功可以像「謝謝你把事情做好」或是「謝謝你嘗試改善」這樣簡單。又或者是在 Sprint 審查會議時帶些小點心，或是在 Sprint 結束後去喝一杯。許多遭受喪屍 Scrum 所苦的團隊深陷於泥淖之中，導致他們所見之處只有污泥。

嘗試以下實驗來改善你的團隊（請參閱第 10 章）：

- 烘焙發布蛋糕。
- 分享成功案例故事，並將重點聚焦在他們成功的原因。

在喪屍 Scrum 中，我們不認同人為因素對工作的影響

如同我們之前所探討的，缺乏心理安全感的 Scrum 團隊很難學習與改善。這兩者都需要嘗試新事物與坦率地討論錯誤。組織心理學家 Amy

Edmondson 將心理安全感描述為「人際關係風險後果的共同信念」。[9] 她的研究顯示，心理安全感是團體與個人學習的重要催化劑。

受到喪屍 Scrum 所苦的組織很少將時間花在人為因素上。他們可能認為沒有必要，或是他們單純以為員工會以專業態度行事，因此他們會明示或暗示地表明，花時間達成工作協議、討論矛盾、互相了解及組建團隊都不被視為「真正的工作」。他們沒有意識到團隊是一個有重要社會需求的社會體系。

> 需要注意的徵兆：
>
> - Scrum 團隊成員的組成經常被團隊外部人員更動，而且沒有時間重新建立彼此之間的安全感與信任。
>
> - 團隊的組成都是依照技能與經驗而安排，而不是依照個人喜好、多元背景或行為風格。
>
> - 團隊沒有足夠時間或支援來學習如何做出決策，應對人際衝突及安排工作。

我們不能將社會學家、認知學家及組織心理學家幾十年的研究成果，總結成人為因素對工作的巨大影響，但我們至少了解到：

- 人們為了維持團隊的和諧，可能會自我審視批評與懷疑，以至於做出不道德或不負責任的決定（團體迷思）。[10]

---

[9]　Edmondson, A. 2009. "Psychological Safety and Learning Behavior in Work Teams." Administrative Science Quarterly 44(2): 350–383.

[10]　Janis, I. L. 1982. Groupthink: Psychological Studies of Policy Decisions and Fiascoes. Boston: Houghton Mifflin. ISBN: 0-395-31704-5.

- 人們總將成功歸功於自己的行動，而將失敗歸咎於環境——即使事實並非如此（基本歸因謬誤）。[11]

- 讓人們同時進行多項複雜的工作會對他們每項工作的表現產生負面影響。[12]

- 即使人們知道這些決定明顯是錯的，卻還是很快順從團隊的決定（同儕壓力）。[13]

- 人們會排斥與他們信念不符的明顯事實（認知失調）。[14]

- 即使各群體之間的唯一差異只是一個不重要的名字，他們也會開始互相競爭，並對彼此產生負面評價（最小團體）。[15]

- 我們做出理性決策的能力嚴重受制於許多偏差[16]，例如：對可能性的掌握度有限、如何從最近的例子去歸納總結，以及估算往往過於樂觀。

- 衝突——無論是潛在還是公開的——對於團隊運作都有強烈的負面影響。[17]

---

[11] Ross, L. 1977. "The Intuitive Psychologist and His Shortcomings: Distortions in the Attribution Process." In L. Berkowitz, ed., Advances in Experimental Social Psychology, pp. 173–220. New York: Academic Pres . ISBN: 978-012015210-0.

[12] Rogers, R., and S. Monsell. 1995. "The Costs of a Predictable Switch between Simple Cognitive Tasks." Journal of Experimental Psychology 124: 207–231.

[13] Asch, S. E. 1951. "Effects of Group Pressure on the Modification and Distortion of Judgments." In H. Guetzkow, ed., Groups, Leadership and Men, pp. 177–190. Pittsburgh: Carnegie Press.

[14] Festinger, L. 1957. A Theory of Cognitive Dissonance. California: Stanford University Press.

[15] Tajfel, H. 1970. "Experiments in Intergroup Discrimination." Scientific American 223(5): 96–102.

[16] Kahneman, D., P. Slovic, and A. Tversky. 1982. Judgment Under Uncertainty: Heuristics and Biases. New York: Cambridge University Press.

[17] De Dreu, K. W., and L. R. Weingart. 2003. "Task Versus Relationship Conflict, Team Performance and Team Member Satisfaction: A Meta-analysis." Journal of Applied Psychology 88: 741–749.

這是一些經過充分研究且不斷出現的影響，這些影響形塑了我們的思維與團隊工作。這些可以讓我們理解，為什麼增加再多的人或團隊都無法提供幫助，或者改變團隊組成會產生深遠的社會影響。這裡的重點是，如果團隊無法認知到他們是一個社會體系，那就無法持續改善。將「最優秀的人」加入團隊，並期望他們憑藉個人的專業技能來創造奇蹟的想法是遠遠不夠的。

> 嘗試以下實驗來改善你的團隊（請參閱第 10 章）：
>
> - 分享成功案例故事，並將重點聚焦在他們成功的原因。
> - 在整個組織分享障礙資訊。
> - 利用正式與非正式人際網路來推動變革。

在喪屍 Scrum 中，我們不批判我們的工作方式

陷入喪屍 Scrum 的組織沒有善用 Scrum 框架來批判與改變組織的工作方式。這通常始於組織對於 Scrum Master 的期望，以及 Scrum Master 自身對其角色重要性的理解。

對許多 Scrum Master 來說，這種理解僅會轉化為對一個或多個 Scrum 團隊進行 Scrum 事件的引導。雖然它有其價值，但它的定義非常狹隘。Scrum Master 更廣義的目的是為團隊向利害關係人交付有價值成果的能力、阻擋交付的障礙創造透明性。實現此目標的其中一種方法是藉由協助團隊蒐集資料以評估他們的表現。Scrum Master 透過指出最大的痛點，鼓勵團隊運用雙迴圈學習，以滿足利害關係人的需求並快速交付。

需要注意的徵兆：

- Scrum Master 耗費大部分的時間在引導 Scrum 事件上。

- Scrum 團隊的衡量與比較是基於他們所完成的工作量（例如速度與完成的項目數量），而不是根據這些工作實際為利害關係人與組織帶來多少價值。

- Scrum 團隊不會花時間與利害關係人一起理解所追蹤的以成果為導向的指標，以及哪些改善看起來比較合理。

- Scrum 團隊不分析產品或流程資料（例如利害關係人的滿意度或週期時間）來找出改善方法。

開始批判的其中一個方法是追蹤相關的指標。很不幸地，喪屍 Scrum 團隊通常不會衡量改善的效果。即使開始衡量，也只專注在那些不支援甚至是阻礙經驗主義的事情上，例如：當團隊衡量每次 Sprint 交付的工作量時，只使用速度或完成的項目數量來表示，而不是以產出的價值來呈現。組織還可以追蹤從事產品開發的人員與團隊數量，以及他們投入的時數，並將人力及工時的減少視為改善的指標。我們在第 5 章探討了這些衡量方式的原因。

這些指標的問題在於，它們只關心一定時間內完成了多少工作（產出）而非為利害關係人或組織帶來多少價值（成果）。前者或許容易被衡量，但卻與組織產生的價值毫無關係。隨著時間的推移，最終在速度上仍然會出現明顯的改善，但是利害關係人仍然會因為產品沒有交付足夠的價值而宣告專案失敗。或是有十幾個團隊同時合作但依舊產出低品質的產品，因為團隊大多都在修復錯誤、陷入技術債中。儘管你能在產出數量上有出色的分數，但會在成果上獲得糟糕的分數，但反之則不太可能。

幸運的是，Scrum 框架提供了發現與實施改善的流程，以及需要關注的事項：

- **回應能力**（Responsiveness）：從發現到滿足重要利害關係人需求之間所花費的時間，可以透過週期時間或（少的）進行中工作來衡量，這會隨著時間的推移而減少（或保持少量）。

- **品質**（Quality）：交付的工作品質，會隨著時間而提升（或維持高品質），可以透過缺陷數量、程式碼品質、客戶滿意度及其他品質指標進行衡量。

- **改善**（Improving）：工作方式及體驗，會隨著時間的推移而改善，可以透過團隊士氣、創新率、較低的依賴性及其他指標進行衡量。

- **價值**（Value）：價值的數量，會隨著時間而增加（或保持高價值），可透過營收、投資報酬率及其他商業指標進行衡量。

為了透過 Scrum 框架來推動整個組織的變革，Scrum 團隊與 Scrum Master 可以在以成果為導向的指標上建立透明度。透過與利害關係人定期檢視這些指標，就能找出問題所在、有什麼要改善、改善能帶來的結果。這就是經驗主義。

嘗試以下實驗來改善你的團隊（請參閱第 10 章）：

- 聚焦在該停止做的事。
- 在整個組織分享障礙資訊。
- 建立低科技的衡量指標儀表板以追蹤成效。

在喪屍 Scrum 中，我們將學習與工作視為兩件事

在飽受喪屍 Scrum 所苦的組織中，大家受到潛移默化的教導，認為學習與工作是兩回事。工作是為了產生價值，而學習只會浪費本來應該用來做更多「真正」工作的時間與金錢。舉例來說，管理層期望人們在晚上或週末參加培訓。這當中隱藏的訊息是，人們透過工作獲得報酬，而因為學習並不是真正的工作，所以他們必須用自己的時間進行學習。

需要注意的徵兆：

- 人們不參加外部的聚會或培訓，也不閱讀專業書籍或部落格，而且他們也不被鼓勵這麼做。

- Scrum 團隊無法及時了解其專業的最新發展或技術。例如，開發人員不了解持續交付、虛擬化及微服務，或者 Scrum Master 不了解看板與活化結構。

- Product Owner 為了增加更多的功能，一直著重於把創新的項目挪到產品待辦清單的下方，卻沒有實際衡量其成效。

- Scrum 團隊盡可能縮短 Sprint 回顧會議。

- 管理層要求詳盡的商業案例，解釋這將產生什麼價值，使得大家不想走出去向他人學習。

這裡的重點不是花更多時間學習，而是消除學習與工作之間的人為隔閡。現在已經不像求學時期那樣，學會一項技能後就可以放著不管。這在軟體開發中更是如此，因為新技術、語言及實作方法推陳出新的速度很快。雖然不是所有的方法都很實用，但有些提供了新的模式，例如持續交付與容器，這使得快速發布與提高品質變得更加容易。複雜工作的不確定性與其帶給團隊的挑戰將要求團隊持續學習如何更好地應對這種複雜性。喪屍

Scrum 的團隊總是把學習遠遠排在工作之後，因此團隊沒有空間與時間嘗試新事物、探索其中可能性，也就無法從中獲益。

當你很少接觸到新想法與不同觀點時，要改善是很困難的，而對於許多陷入喪屍 Scrum 的團隊來說，這正是他們現在經歷的。他們有很多工作要做，以至於很少有時間學習。雖然組織經常自稱為「學習型組織」，但很少有組織能展現出真正學習型組織的特徵。當「完成工作」一直被認為比參加培訓與聚會更有價值，或者當組織不願意花費資源在知識分享工作坊，因為他們認為讓團隊忙碌更有價值時，或者禁止在工作期間閱讀專業部落格文章，組織顯然在傳達一個訊息：他們不重視學習。

嘗試以下實驗來改善你的團隊（請參閱第 10 章）：

- 利用正式與非正式人際網路來推動變革。

- 分享成功案例故事，並將重點聚焦在他們成功的原因（特別是有許多團隊在場時）。

「你認為學習與工作是兩回事嗎，新兵？就像亨利‧福特說的：『任何停止學習的人都是老年人，無論是 20 歲還是 80 歲。』Scrum 的學習是永無止境的。繫好你的鞋帶，我們即將開始奔跑！」

健康的 Scrum

真實經驗：不要照本宣科地使用 Scrum

以下是本書其中一位作者的親身經歷：

當這位作者開始使用 Scrum 時，他所做的只是每隔一天主持一次每日 Scrum 會議。對他與他的團隊來說，這似乎是 Scrum 框架中最有用的部分。在作者撰寫的詳細規格文件指導的工作環境中，開發團隊起初並不認為 Sprint 規劃會議與 Sprint 審查會議有多大的價值。團隊認為他們已經知道所有的工作，而且他們也不打算在幾個月內發布產品。

當團隊開始採用 Sprint 進行工作時，他們才知道向客戶展示中間成果的方法是如此實用。他們也發現，在撰寫詳細規格文件時，儘管產出了許多看起來不錯的想法，但客戶與開發人員對這些想法有不同的解讀；或是當客戶與成果進行互動時會出現更好的想法，這種好處是雙向的。事實上，他們的其中一位企業客戶（他通常穿著剪裁俐落的西裝）每兩週就會穿著短褲與夾腳拖來查看開發團隊有什麼新進展。

這種關係最初被明確地定義為客戶與供應商，但隨著時間進行，會逐漸變成比較非正式、協同合作的關係。接著越來越多的關鍵使用者也會參與其中，希望藉此機會提供能讓他們更輕鬆完成最終產品的想法（並且一起在下班後小酌一杯）。開發人員會開始在產品預定的「發布日期」之前提供產品的部分功能，以滿足使用者想趕快從完成的工作中獲得利益的需求。這種情況為持續交付與更緊密的協作鋪平了道路。事後我們發現團隊逐漸學會使用經驗主義進行工作。他們從經驗中學習，並改變了原本對規格文件、協作以及快速交付的信念。

在這個故事中，當利害關係人改變了他們認為開發團隊只是產品的供應者的信念時，我們便看到了雙迴圈學習。當團隊了解發布增量實際上可以打造出更好的產品時，我們也看到了雙迴圈學習。

雖然此故事只是一個範例，但它與我們合作過的其他成功的 Scrum 團隊有明顯的共通點。他們極少照本宣科地開始進行 Scrum。反倒是為客戶、使用者與利害關係人交付有價值成果的渴望，驅動著他們學習。相反的，當利害關係人認識到這個方法對他們也有好處時，也會變得更樂意配合。同時管理階層可以透過消除過程中的障礙，並給予團隊在需要改善時的自主權，來積極鼓勵上述這兩種行為。持續檢視與調整工作流程，並解釋如何進行工作、為什麼這麼做，可以幫助他們達到成功。

嚴以律己的團隊

從這個故事看來，這一段時間的成長似乎很平穩、沒有衝突，但事實並非如此。這個故事跟我們在其他成功的 Scrum 團隊中看到的一樣，他們在專案推進的方式上存在強烈的分歧。一部分的人強烈主張加快部署，而另一部分的人則主張放慢速度以確保品質與穩定性。一部分的人希望花更多的時間在撰寫程式碼，而另一部分的人則希望花更多時間來思考要撰寫什麼。儘管他們的偏好與策略出現分歧，他們依舊將重心放在向利害關係人交付高品質的成果。

健康的 Scrum 團隊對自己很嚴格。他們會藉由 Sprint 回顧會議來反思自己是否有能力為利害關係人建立高品質且可發布的產品。他們使用客觀資料來進行反思，例如從週期時間到錯誤數量。儘管他們的 Sprint 回顧會議可以採用有創意的形式來實現此目標，但透過有力的提問來進行深度對話通常會更有效。Scrum Master 支持這種反思的方式，就是專注在交付有價值的成果上，並幫助團隊在過程中應對不可避免的衝突。

見樹又見林

在向利害關係人交付價值的過程中，健康的 Scrum 團隊會敏銳察覺到，障礙往往會超出團隊的範疇。例如，共享工具可能不支援持續交付，銷售部

門卻持續按照固定價格與固定期限銷售產品。或者團隊發現辦公空間的規劃方式使得協作變得困難。

當團隊成員花時間來關注整體（森林）及細節（樹）時，健康的 Scrum 團隊才會形成。在改善自己團隊（樹）的同時，他們也會花時間進行整個體系（森林）的反思和改善，使他們能夠進行價值交付。這並不是單獨給 Scrum Master 或專門的敏捷轉型團隊的任務，而是由任何想參與的人一起完成。畢竟，一個領域的障礙通常會跟組織的其他領域相關。讓更多人的人集思廣益，提升我們對於潛在解決方案的反思與創造力。這可以採用多團隊回顧的形式，讓每個想提供幫助的人都參加工作坊。例如，本書的作者經常參與各種 50 人（含）以上的工作坊，參與者從管理層到開發人員都有。他們會利用一整天的時間來反思並解決出現在組織中且阻礙了經驗主義的障礙。

接下來呢？

在本章中，我們探討了最常見的觀察結果，幫助你了解為何持續改善無法發生。我們也介紹了在與飽受喪屍 Scrum 所苦的團隊合作時，經常發現的重要根本原因。雖然每個人認同持續改善是個好主意，但當障礙似乎超出了團隊能控制的範圍時，問題就出現了。與其專注在你無法控制的地方，我們發現專注在你可以掌控的地方並從此處開始會更有幫助。無論程度有多小，請先想想看你有哪些責任與掌控權。你可以找誰幫你移除自己無法控制的事項？在下一章，我們將介紹一些實驗來幫助你完成上述事情。

實驗

「眾所周知，擁有大腦的喪屍肯定需要更多的大腦。」

——Seth Grahame-Smith，
《傲慢與偏見與僵屍》

在本章中，你將會：

- 探索十個可以讓你持續改善的實驗。

- 了解這些實驗對於在喪屍 Scrum 中生存有何影響。

- 探討如何進行每個實驗以及需要觀察什麼。

本章將介紹能幫助團隊提升改善能力的實驗。有些實驗提供以不同方式進行 Sprint 回顧會議的靈感,而其他實驗則將持續改善提升到組織層級。

促進深度學習的實驗

雙迴圈學習是深度學習的一種形式,它會挑戰現有規則、程序、角色以及結構(請參閱第 9 章)。因為大多數人並不會自然而然地進行雙迴圈學習,我們將從分享我們最喜愛的實驗開始。

在整個組織中分享障礙資訊

讓 Scrum 團隊難以憑經驗工作的障礙通常包含整個組織的人員。幫助這些人了解障礙與其所引起的問題可以提升其覺察力,進而啟動雙迴圈學習,並帶來系統性的改善。

投入／影響比

投入		這項實驗只需要勇氣與一些圓融。
對生存的影響		儘管痛苦,但這項實驗是一個可以為最大問題建立急迫性的絕佳方式。

步驟

若要嘗試此實驗,請執行以下步驟:

1. 與你的 Scrum 團隊聚在一起,請每個人安靜寫下他們看到會阻礙滿足利害關係人需求或(更)快速交付,或兩者都有的障礙。團隊缺乏哪些技能?哪些協議變成了阻礙?他們需要哪些人,但卻苦無機會接觸?幾分鐘後,請大家兩人一組,分享各自的想法。接著請大家提出

所有的障礙，並從中挑選出 3 ～ 5 個最具影響力的障礙（例如：以圓點投票挑選）。

2. 針對最大的障礙，詢問大家「我們因為這個障礙失去了什麼？消除此障礙後，我們與利害關係人會得到什麼？」記錄各種障礙所帶來的後果。

3. 針對最大的障礙，詢問大家「我們在哪些地方需要協助？需要什麼樣的協助？」蒐集各種障礙的協助請求。

4. 將最大障礙的內容，包括障礙的後果與需要請求協助的事項，整理成一種讓你方便發布給所有相關工作人員的格式。可以是郵件、新聞報、公司內部網路的部落格文章，或是做成海報張貼在人來人往的走廊上，將團隊目的與你的聯絡方式放上，當然你也可以將團隊已取得的成就放上去。

我們的發現

*   請務必將（高階）管理層包含在內，並考慮提前通知他們。此外，他們可能會喜歡更簡明扼要的公司資訊。

*   透明化可能會讓人難受。訊息的內容請保持坦誠與圓融，並且不要責怪他人或帶有負面意味。具體陳述目前情況，並提出明確的協助請求。

*   如果你計畫要經常進行此實驗，請確保也納入你的團隊已取得的成就。哪些方面進展順利？與上一份資訊相比有何不同？最重要的是：你從誰那裡獲得（意料之外的）協助？

在 Sprint 回顧會議中提出有力的問題

正如我們在前一章所探討的，人們根深蒂固的信念、假設及價值觀會影響他們改變的成功程度。例如，當開發團隊認為與客戶溝通是 Product Owner 的責任時，他們就限制了彼此協作的機會。當人們假設只有執行整

個產品待辦清單,他們的回饋才有價值,那麼他們將很難接受經驗主義。
這些假設多半藏在潛意識中,必須將它們揭露才能加以挑戰。此實驗的目
的是透過提出有力的問題來揭露隱含的假設,進而協助團隊。

投入／影響比

投入		提出問題並不難,但提出「正確」問題,並營造一個能讓團隊敞開心胸回答問題的環境卻很難。
對生存的影響		這項實驗樹立了一個典範,展示人們可以挑戰自己與組織根深蒂固的信念。

步驟

實驗內容就是傾聽大家敘述某事是否可行。Sprint 回顧會議是進行此實驗
的好機會,但團隊聚在一起時也很適合。詢問大家「你認為是什麼讓你這
麼說?」並與大家一起將答案重構成以「我相信……」開頭的敘述。請參
閱表 10.1 的範例。

表 **10.1** 以下範例展示了人們所説的話以及他們可能有的潛在信念

當他們說	可能的潛在信念
「當我們要求人們對這項改變提出意見時,他們只會抱怨。」	「我相信人們抗拒改變。」
「只有管理層才能移除此障礙。」	「我相信沒有權力就無法改變此事。」
「我們無法每個Sprint都交付新的增量。」	「我相信我們的產品太複雜了。」
「這個任務很重要,所以我會親自處理。」	「我相信其他人缺乏我所擁有的知識與素質。」
「我們不需要向客戶尋求回饋。」	「我相信我很清楚客戶需要什麼。」
「我們需要增加更多團隊。」	「我相信更多的人將能完成更多的工作。」

當你發現一個信念時，請使用以下有力的問題，並以溫和的方式挑戰它。我們是從活化結構社群的人（主要是 Fisher Qua 與 Anja Ebers）提出的「迷思翻轉」（myth turning）獲得靈感的。[1]

- 必須發生什麼，才能讓你放下這個信念？

- 還有誰相信這是事實？

- 這個信念對你有什麼好處？

- 你在哪裡看到這個信念得到證實？

- 其他人開始質疑這個信念時，會有哪些跡象？

- 如果我們不這麼做，會有什麼無法挽回的損失？

- 當這個信念被證明是錯誤時，會發生什麼事情？

詢問這些問題並不會說服人們改變信念，但可能會幫助他們學習與反思抱持那些信念的原因。藉由這些問題，他們可能會發現改變某個信念對自己是有益的，但改變與否還是要取決於他們自己。

我們的發現

- 如果人們不習慣前面這種深度的提問，他們可能會感到不知所措與沮喪。請向團隊徵求許可，允許你偶爾提出深度提問，幫助他們進行反思和學習。

- 不要告訴人們應該抱持什麼信念。除非有人特別要求你分享自己的信念，否則不要這樣做。你也可以歡迎別人挑戰你的信念。讓辨識深層信念成為一項團隊的工作或成為人們可以反思的實踐。

---

[1]　Lipmanowicz, H., and K. McCandless. 2014. The Surprising Power of Liberating Structures: Simple Rules to Unleash a Culture of Innovation. Liberating Structures Press. ASN: 978-0615975306.

一起深入挖掘問題與潛在的解決方案

有效分析與消除障礙對於深度學習與持續改善是非常重要的。團隊必須學習如何提出或寫出包含不同觀點的問題，並找出具體可行的解決方案。活化結構「探索與行動對話」（discovery and action dialogue）[2] 就非常適合進行這項探索。它包含一系列的問題，團隊可藉由發問來了解這些問題、發想解決方案，並指出具體要採取的步驟。

投入／影響比

投入		我們會提供你一系列特定順序的問題，讓實驗可以耗費比較少的心力。此特定順序將能幫助你引導實驗過程。
對生存的影響		這項實驗能幫助人們解決正確的問題，並建立更有效分析這些問題的技能。

步驟

在探索與行動對話中，各小組一起回答下列一連串的問題：

1. 你如何知道問題何時出現？

2. 你如何有效地協助解決問題？

3. 什麼事會一直阻礙你這麼做或採取這些行動？

4. 你知道誰能經常解決這個問題並克服障礙？是哪些行為或做法讓他們成功？

5. 你有任何想法嗎？

---

[2] Lipmanowicz and McCandless, The Surprising Power of Liberating Structures.

6. 為了達成目標，需要做什麼？有誰自願去做？

7. 還有誰需要參與其中？

請按照以下步驟進行探索與行動對話：

1. 做為探索與行動對話的投入，幫助你的團隊辨識出他們的最大障礙。本書中的其他實驗對此都有幫助。可以由單一團隊選擇最重要的主題，也可以由多個團隊的參與者組成探索不同主題的小組。

2. 給予小組足夠的時間（至少 30 分鐘）依序回答這些問題。當小組出現新的合理見解時，小組可以不依照順序或重新審視先前的問題。

3. 當你與多個團隊進行探索與行動對話時，請提供機會讓各個團隊向全體分享他們的發現並蒐集回饋。像是「轉換與分享」[3] 這種活化結構就是個理想的作法。

我們的發現

- 鼓勵團隊在第一個問題上投入足夠的時間，並提出更多的問題，例如「這個問題有什麼挑戰性？」、「是否有更深層問題是我們沒看到的？」或「如果我們不解決這個問題，會發生什麼事？」可以幫助你深入挖掘問題（請參閱圖 10.1）。

- 當詢問需要採取哪些行動來實現解決方案時，請牢記本章接下來將介紹的 15% 解決方案（15% solutions）的概念。

- 當團隊難以保持良好的答題節奏與流程，可以找一位主持人，由他在掌控時間的同時會依序提問，並讓每個人都有機會回答每個問題。

---

[3]　Lipmanowicz and McCandless, The Surprising Power of Liberating Structures.

圖 10.1 用探索與行動對話深入挖掘問題與潛在的解決方案

使改善具體可行的實驗

團隊很容易被困在模糊卻有希望的改善中，例如「更多的溝通」與「讓利害關係人參與」。但是，當改善方法不精確時，便很難知道改善要從何開始，也很難在完成後進行確認。這類實驗的重點是讓你的改善方法盡可能具體且小型化。

建立 15% 解決方案

從人們自己可以控制的地方開始進行小改變，持續改善的效果是最佳的。組織理論學家 Gareth Morgan 提出「15% 解決方案」概念來幫助團隊專

注於這一點。[4] 在假設 85% 的工作情況是無法被控制的前提下，Gareth Morgan 將焦點轉向人們可以控制的 15%。這樣不僅更有激勵作用，還能保持小幅度的改善，而且可以擺脫難以控制的 85% 阻礙，像是組織文化、現有的階級制度及僵化的程序。如果每個人都從擁有自主權與有機會改變的地方開始，這些 15% 的改變很容易擴大成整個組織的重大改變。

根據活化結構「15% 解決方案」，這項實驗可以幫助你的 Scrum 團隊定義 15% 解決方案，並在看似不可能的環境中做出改變。[5]

投入／影響比

投入		如果你能克制追求更大改變的誘惑，堅持做你能控制的事情就不難了。
對生存的影響		儘管單個15%解決方案無法改變世界，但許多的小改變結合在一起就可以做到。

步驟

若要嘗試此實驗，請執行以下步驟：

1. 在每次會議結束時使用 15% 解決方案。這可以幫助人們將所學到的知識轉化為可執行的步驟。最好使用共同的障礙或挑戰來聚焦 15% 解決方案。

2. 請每個人為自己列出一份 15% 解決方案清單。詢問「你的 15% 解決方案是什麼？你在哪些地方有自主權且有行動的自由？如果沒有更多的資源或授權，你能做什麼？」

---

[4] Morgan, M. 2006. Images of Organization. Sage Publications. ISBN: 1412939798.

[5] Lipmanowicz and McCandless, The Surprising Power of Liberating Structures.

3. 邀請每個人兩人一組，花五分鐘分享他們的想法。鼓勵他們互相協助來讓自己的 15% 解決方案盡可能的具體。有幫助的問題包括「實現這件事的第一步是什麼？」或是「你會從哪裡開始？」

4. 為了讓透明化達到最大，請將這些 15% 解決方案展示在團隊空間中。舉例來說，如果你的團隊使用 Scrum 板，可以貼在看板周圍。

我們的發現

- 不要僅限於在 Sprint 回顧會議時使用 15% 解決方案。可以使用它們來找出要從哪裡開始重構大型且複雜的程式庫、辨識 Sprint 審查會議後的下一步行動或進行多個團隊的回顧會議。

- 阻止團隊成員想要為他人或整個團隊定義行動的衝動，並有效遠離他們自己可控制的範圍。當人們專注於自己的貢獻時，15% 解決方案才有效。如果解決方案重疊或彼此沒有明顯關聯也可以。

聚焦於該停止做什麼

持續改善很容易演變成在早已塞滿的待辦事項清單上塞入更多事：再確認一次完成的定義、在過度緊湊的議程再加入一個工作坊或額外研究一項新技術。但隨著你增加越多待辦事項，實際完成的可能性就越少。

與其增加更多要做的事情，不如找出那些進行中但沒有生產力的事情，並將其刪除。活化結構的「萃思」（TRIZ）[6] 可以提供很大的幫助，因為它以一種有趣的方式讓每個人參與其中，並鼓勵以創造性的方式破壞那些限制創新與生產力的活動。「萃思」是「創造式的問題解決理論」（theory of the resolution of invention-related tasks）的俄語版本縮寫。

---

[6] Lipmanowicz and McCandless, The Surprising Power of Liberating Structures.

投入／影響比

投入		捨去某些行為與活動，通常比不斷地增加更多事情到不斷擴大的清單中更加困難。
對生存的影響		捨去不必要的活動與行為來創造空間。

步驟

若要嘗試此實驗，請執行以下步驟：

1. 在活頁掛紙上畫三條橫線，行與行之間留出空間。不要添加任何的標籤，因為這可能會破壞第二輪的轉折效果。

2. 給每個人十分鐘，讓他們初步列出所有可以讓專案產生最壞結果的事情，並詢問：「你可以如何讓我們的團隊在快速交付及與利害關係人的合作方面變得非常僵化，甚至成為維基百科上『喪屍 Scrum』的典型範例？」請每個人花幾分鐘時間獨自安靜進行這個步驟，然後再花幾分鐘時間，以兩人一組進行討論。鼓勵大家發揮創意並務實，同時要符合法律規範。然後邀請團隊成員花幾分鐘分享並建立他們的想法。最後再花五分鐘的時間，將最重要的範例蒐集在便利貼上，並放在最上面的一行。

3. 給每個人十分鐘列出第二份活動清單，此清單包含團隊已經在進行且與第一份清單相似或密切相關的項目。並提問：「如果你真要說，那麼哪些項目是我們已經在做的事情，或是正在往這個方向前進？」首先，請大家各自反思幾分鐘，然後兩人一組分享自己的想法與重點。透過將最上方的項目移動到中間列，來記錄最顯著的喪屍 Scrum 模式。

4. 給團隊十分鐘製作第三份清單，列出第二份清單中他們希望現在開始停止的所有活動或行為。同樣地，請每個人各自列出清單，接著請兩人一組進行分享，最後請整個團隊再進行一次。在第三列上，記錄團

隊從現在開始要停止做的項目。請抑制想要增加行動來阻止某件事情的衝動。

我們的發現

* 邀請與會者享受寓教於樂的氣氛，甚至可以稍微誇張一點，在參與過程中開懷大笑。這樣可以營造一個安心的環境，讓人們感到能夠敞開心扉。

* 為了更深入的反思，用信念與規範取代「萃思」中的活動與行為。為了確保獲得最糟糕的結果，對於彼此、我們的工作及我們的利害關係人，我們應該抱持哪些信念？哪些信念已經存在或相似？哪些應該放棄？

建立改善配方

模糊不清的改善想法，例如「更多協作」、「使用 Sprint 目標」或沒有明確起點與結束的想法，都無法促使團隊前進。這個實驗的目的是透過彼此的智慧與創造力，將模糊的改善想法轉化為具體的內容。這就像食譜詳細指導我們如何用在地食材烹飪，改善配方詳述了成分、步驟及預期成果。這個實驗是基於活化結構「轉換與分享」。[7]

投入／影響比

投入		建立配方並不困難。讓團隊使用這些配方可能會比較困難。
對生存的影響		清楚了解團隊哪些方面需要改善、這代表著什麼，是持續改善的重要技能。

---

[7] Lipmanowicz and McCandless, The Surprising Power of Liberating Structures.

步驟

若要嘗試此實驗，請執行以下步驟：

1. 在 Sprint 回顧會議或是多團隊的回顧會議中，找出需要改善的地方。請每個人挑選自己最關心的改善事項，自行組成小組（3～5人）。提供每個小組一面白板或是活頁掛紙，以作為他們的「工作站」。

2. 首先，你可以提出問題：「如果我們想實現目標，有什麼可以幫助我們達成？你會想到什麼做法？有哪些你在其他地方嘗試過的方法，也許能在這裡派上用場？（兩分鐘）」讓所有人各自安靜思考具體的做法可能會是什麼樣子，然後請大家在小組中分享彼此的想法，並挑選出其中一個（五分鐘）。

3. 解釋每個配方的完成的定義。每個配方都必須說明以下內容：它想要達成什麼（「目的」）？誰需要參與其中（「人員」）？需要採取哪些步驟？以什麼順序（「步驟」）進行？以及如何知道這個配方是否有效（「成功」）？如果有需要，你可以為每個配方各準備一張畫布。

4. 提供每個小組十分鐘來創造他們配方的第一個增量。鼓勵各組透過書寫、繪畫及符號充分激發創造力。

5. 請每個小組選出一名站長。這個人將留在原來的工作站參加接下來的回合，其他成員以順時針方向移動到下一站。站長向新組員更新進度，並與他們一起合作建立增量，並視需求來增加改善項目與說明（五分鐘）。

6. 重複進行多次，以確保各組都參加過每一個工作站。

7. 請各組返回最初的工作站，並查看不同小組逐步建立的最終版配方。

8. 請大家將自己的名字寫在便利貼上，並將它貼在他們願意承諾實踐的配方上。給大家幾分鐘時間，協調要如何以及從哪裡開始執行他們選定的配方。

我們的發現

- 改善配方通常會記錄重複出現的模式或解決障礙的在地化策略。與其他團隊——組織內與組織外——分享有用的配方,是一種很好的學習方式。

- 如果你發現配方缺乏具體細節且含糊不清,鼓勵團隊在前進下一個新的工作站時,不斷詢問「我們要如何達成?」

- 對於需要跨越多個 Sprint 才能完成的計畫,鼓勵團隊經常同步他們的工作與進度,直到達成目標。

蒐集新資訊的實驗

有時候我們會跟團隊說:「你很難從乾癟的柳丁榨出汁」。這就是我們(直言不諱地)告訴他們工具箱或新點子的泉源已經枯竭,以至於他們的持續改善陷入停滯的方式。在此單元中,我們將分享一些實驗,幫助團隊引入新點子或人員,以找到原先看不見的可能性。

使用正式與非正式的人際網路來推動改變

靠自己的力量改變 Scrum 團隊的環境很困難,尤其是在那些難以接觸到有影響力之人的大型組織。在著手克服這些障礙時,你應該優先尋找在組織中面臨類似障礙的人,並共同努力移除這些障礙。這個實驗的目的是透過組織中的正式與非正式的人際網路來推動改變。這是基於活化結構「社交網路編織」(如圖 10.2)與「1-2-4- 全體」。[8]

---

[8]　Lipmanowicz and McCandless, The Surprising Power of Liberating Structures.

投入／影響比

投入		尋找創新的方式來拓展人際網路相當有挑戰性，尤其是在大型且複雜的組織中。
對生存的影響		當人們開始透過組織中正式的與非正式的人際網路推動改變時，我們就會看到顯著的轉變。

步驟

若要嘗試此實驗，請執行以下步驟：

1. 首先邀請那些想要開始移除組織障礙的 Scrum Master、Product Owner 及開發團隊成員一同進行此實驗。

2. 請每個人各自思考（一分鐘），接著兩人一組分享（兩分鐘），然後分成四人小組討論（四分鐘），完成後詢問大家「我們面對的最大障礙是什麼？在這個組織中，是什麼使我們難以藉由經驗展開工作？」。並彙整最大的障礙。

3. 使用一面牆或地板來製作社交地圖，並準備不同顏色的便利貼。

4. 請參與者將自己的名字寫在便利貼上，開始建立社交網路圖。將這些便利貼放在社交網路的中心位置，而這些人就是「核心群組」。

5. 首先請每個人各自思考（一分鐘），接著兩人一組進行分享（兩分鐘），然後再合併成四人一組進行分享（四分鐘），請參與者辨識出可以提供你所需要的支援的關鍵團隊或部門。最多十組，並建立一個圖例，每個小組使用不同的顏色或符號（十分鐘）。

6. 邀請每位參與者利用圖例，在各自的便利貼上寫下他們在組織中認識的人名，並請參與者根據彼此關係的親近程度，將便利貼放在地圖的對應位置（十分鐘）。

7. 首先個別進行（一分鐘），然後兩人一組進行分享（兩分鐘），然後再合併成四人一組進行分享（四分鐘）。請參與者回答：「你希望哪些人可以幫助我們移除所面臨的障礙？誰具有影響力、創新的視角，或是我們需要的技能？」利用圖例，將這些人的名字寫在個別的便利貼，根據他們目前參與和期望的參與程度，將這些便利貼放到地圖上的對應位置。過程中如果有新的組別產生時，請同步更新圖例（十五分鐘）。

8. 請每個人檢視正在形成的地圖，並詢問「誰認識什麼人？誰具有影響力？誰具有哪些專長？誰會阻礙或推動進展？」並根據回答的結果，在人與團體之間畫線連接起來（十五分鐘）。

9. 在本章的其他地方使用「創造 15% 解決方案」實驗，並提出讓具有影響力但距離遙遠的人參與或是避開障礙的策略。如何善用人際網路使合適的人參與進來？這可以很簡單，例如打一通電話、發送電子郵件，或是請身邊的人幫你聯繫。你可以利用「在整個組織分享障礙新聞報」實驗來通知人際網路中的人們。

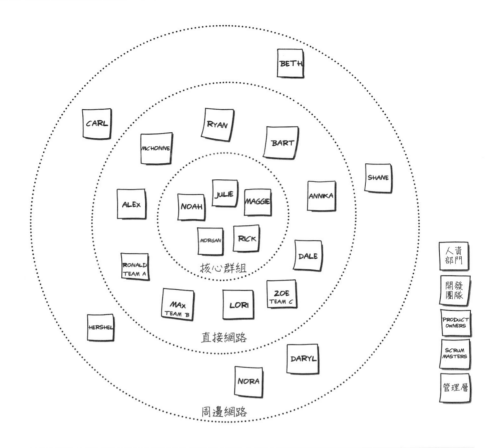

圖 10.2 社交網路的範例 [9]

我們的發現

- 請仔細留意地圖上的黑洞。這些正是你需要他們提供支援的部門或團隊，但是你並不認識裡面的任何人（直接或間接）。

- 這個實驗最好能每隔一段時間重複執行。請嘗試擴大你的「核心團隊」，讓願意幫助你的人加入。隨著你的人際網路不斷擴大，移除阻礙或推動進展將變得越來越容易。

---

[9] Source: Lipmanowicz and McCandless, The Surprising Power of Liberating Structures.

建立低科技的衡量指標儀表板以追蹤成效

你的團隊表現如何？你知道你們正在交付哪些成果嗎？團隊經常透過追蹤速度或每個 Sprint 完成的項目數量來回答這些問題。雖然這些指標可以告訴你工作有多忙，但並不能告訴你這項工作有多有用。更糟糕的是，組織經常告訴團隊該衡量哪些指標，然後將他們與其他團隊進行比較。在這個實驗中，我們將概述如何幫助團隊選擇屬於自己衡量指標的步驟。

投入／影響比

投入		當你從小地方開始著手（即使只有一個指標）並從那裡開始發展時，這個實驗就不難。
對生存的影響		提高成果的透明度是推動改變的重要因素，因為團隊與利害關係人都可以看到實際情況。

步驟

若要嘗試此實驗，請執行以下步驟：

1. 在開始這個實驗之前，請釐清以產出為導向的指標與以成果為導向的指標之間的差異。請參考第 9 章的範例。

2. 首先請每個人各自思考（一分鐘），接著兩人一組進行分享（兩分鐘），然後再合併成四人一組進行分享（四分鐘），請大家思考自己是如何知道團隊做得比較好。詢問「我們如何知道我們有積極回應利害關係人？如果我們做得好，哪些指標會上升？如果做得不好，哪些指標會下降？」與團隊一起蒐集相關的指標（五分鐘）。

3. 重複以上步驟以提升品質。詢問：「要如何知道我們的工作屬於高品質？做得好的時候，哪些指標會上升？做得不好的時候，哪些指標會下降？」

4. 重複以上步驟以追求價值，詢問：「要如何知道我們的工作正在交付價值？做得好的時候，哪些指標會上升？做得不好的時候，哪些指標值會下降？」

5. 重複以上步驟以進行改善，詢問：「要如何知道我們是否有利用時間來進行改善與學習？做得好的時候，哪些指標會上升？做得不好的時候，哪些指標會下降？」

6. 與團隊成員一起檢視所選的指標，刪除明顯重複的指標。首先每個人各自思考（一分鐘），接著以小組進行分享（四分鐘），要求大家刪除團隊不使用也一樣能衡量團隊在反應能力、品質、價值及改善的進展的指標。與成員們一起保留能衡量這些領域的最小指標組合（五分鐘）。

7. 對於剩下來的每項指標，探索如何有效量化它們，以及要從哪裡蒐集這些資料。如果需要進行額外研究或設置，可以將這項工作加到產品待辦清單或 Sprint 待辦清單中。

8. 建立儀表板——最好只用白板或活頁掛紙——讓團隊（至少）在每個 Sprint 更新一次。建立各種指標的圖表以追蹤趨勢。請停止設置過多的數位儀表板的想法。首先要養成追蹤少數指標並定期檢查的習慣。像白板這類低科技的儀表板可以提升實驗效果，因為它們在表現形式、內容及格式方面比較容易修改。

9. 在 Sprint 審查會議或 Sprint 回顧會議中一起檢視儀表板。有哪些明顯的趨勢？當進行實驗時，你會期待看到哪些改變？例如「發生什麼？影響什麼？現在要做什麼？」（What, So What, Now What?）這類的活化結構就非常適用。

我們的發現

- 說到指標，就會容易想要衡量很多項目，這就必須有目的地精簡，因此先從最基本的指標，例如：利害關係人滿意度與週期時間開始。當這些指標能幫助學習且團隊可以定期檢視這些指標時，再逐步增加更多指標。

- 不要將指標變成關鍵績效指標（KPIs），而且還要盡力防止別人也這麼做。當指標被用來評估團隊績效時，反而會鼓勵團隊去「操弄」數字。相反地，只將指標用來了解哪些有效、哪些無效。

- 不要對利害關係人隱藏你的儀表板。相反地，要讓他們參與資料分析並從中發掘改善的機會。他們從資料中獲益的程度會跟你的團隊一樣多。

打造學習環境的實驗

持續改善需要嘗試新事物，有些會帶來改善，但有些不會。人們如果害怕犯錯或受到批評，就會避免嘗試新事物，這就意味著他們無法學習與改善。在本章的這一部分，我們將與大家分享更容易提升學習文化的實驗。

分享成功案例，並專注在他們成功的原因

不要專注在不順利的事情上（這些在喪屍 Scrum 中很容易發生），而是要幫助團隊專注在已經順利進行的事情上，並從那裡開始改善。分享過去的成功經驗、故事及策略是一種建立安全感並發掘未知路徑的好方法。這個實驗是基於活化結構的「欣賞式訪談」（appreciative interview）。[10]

---

[10] Lipmanowicz and McCandless, The Surprising Power of Liberating Structures.

投入／影響比

投入		分享成功故事不會很費力。大多數人都喜歡分享自己的成功故事。
對生存的影響		分享成功的經驗讓人相信對抗喪屍 Scrum 的努力是值得的。

步驟

若要嘗試此實驗，請執行以下步驟：

1. 這個實驗可以在任何時候進行。Sprint 回顧會議是一個適當的時機，但也可以在 Sprint 規劃會議或 Sprint 審查會議一開始時進行。你可以跟單一團隊或是多個團隊進行以分享故事與經驗學習。

2. 請大家兩人一組，面對面坐著。確保每位成員都有紙筆可以寫字。

3. 請大家輪流互相訪談，每人五分鐘。詢問對方「請分享一個我們一起克服的大或小挑戰，並且我們取得的成就讓你引以為傲的故事，以及是什麼促成了這個成功？」訪談者主要負責聆聽，並不時提出一些問題來澄清。請確保他們同時也做了筆記，因為下一個步驟需要使用這些訪談資料。

4. 邀請各組找到另一組夥伴。在十分鐘內，每個人將同組夥伴的故事講述一遍（每人大約兩分鐘）。當講者複述故事時，其他人仔細聆聽並找出獲得成功的原因。然後，蒐集整個小組觀察到的重點，並將其記錄在活頁掛紙上（十分鐘）。

5. 首先請每個人安靜思考這個問題：未來還可以做些什麼才能讓他們有更多成功的案例（兩分鐘）。並詢問：「我們能如何以這個成功因素為基礎？如何獲得更頻繁的成功？」然後邀請成員在小組內分享他們的想法（四分鐘）。與整個團隊一起蒐集最重要的想法（十分鐘）。

6. 使用本章其他段落中的「建立 15% 解決方案」或「建立改善配方」實
   驗，將可能的改善方案轉化為具體行動。

我們的發現

進行這項實驗時，需要注意以下的事項：

* 當與會人數不是偶數時，最終會出現三人小組。讓這個小組與其他小組
  在相同時間內自由發揮。

* 當人們分享自己的故事或講述他人的故事時，請仔細觀察團隊的動態與
  姿勢。對於團隊來說，回顧自己的成功經驗不僅是件好事，聽到別人用
  他們的語言講述自己的故事也是一種正向體驗。

烘焙發布派

培養團隊精神的一個好方法就是取得小成就時就給予肯定。例如，團隊可
以在每次發布新版本或是將手動的工作進行自動化的時候進行慶祝。我們
發現用簡單且有趣的方式來慶祝這些成功很有幫助，而且能讓團隊每位成
員都有機會做出貢獻。

投入／影響比

投入		除了挑選一個值得慶祝的行動外，這個實驗簡直就是輕而易舉。
對生存的影響		這個實驗不會改變世界，但它是培養團隊精神與安全感的一種方式。

步驟

若要嘗試此實驗，請執行以下步驟：

1. 與你的團隊一起找出在 Sprint 進行中值得慶祝的特殊成就。選擇一個能幫助你運用經驗來進行的活動，可以是具有挑戰性或經常被延誤的活動。例如，發布到正式環境，或是跟真正使用者一起驗證假設，或是與他人結對合作，而不是增加更多「進行中」的工作。

2. 尋找一張大張的紙或一塊白板，在上面畫一個大圓圈。將這個圓圈劃分為六或八等份來代表「發布派」（請參閱圖 10.3）。將這張圖放在團隊空間中比較顯眼的位置。

3. 每當團隊完成特定行動後，就標記其中一片派。你可以在派上加上完成者的姓名縮寫，但前提是團隊中的每個成員都有機會真正完成或對完成該行動有所貢獻。

4. 當每一片派都被標註時，你就可以出去買一個真正的派。或是買一些團隊喜愛又能讓他們聚集在一起的東西。

圖 10.3　透過製作發布派來慶祝發布！

我們的發現

- 你會需要設定具有挑戰性但又能在 Sprint 中多次實現的目標。請根據團隊的能力，調整切片的數量與難度。

- 選擇那些能讓團隊其他成員看到進展的行動。否則，標記派的決定就會變得過於主觀，而且取決於個人動機。

接下來呢？

在本章中，我們研究了一系列可以協助你的團隊與整個組織持續改善的實驗。其中一些包含了雙迴圈學習。然而這也需要一個安全的環境、來自外部的新靈感及具體的改善。你可以利用這些實驗，或者從這些實驗中得到靈感，開始持續改善吧。

「在尋找更多的實驗嗎？新兵！*zombiescrum.org* 上有豐富的工具可供使用。你也可以提供你認為有用的工具，以協助擴充我們的工具箱。」

第五部分
自組織

症狀與原因

11

「我們要試著重建社會，而不是使它重新陷入混亂。」

——Andrew Cormier，
《Shamblers: The Zombie Apocalypse》

在本章中，你將會：

- 了解自組織的樣貌與自管理團隊如何實現自組織。

- 探索自組織能力不佳的常見症狀與原因。

- 找出健康 Scrum 團隊的自組織與自管理樣貌。

真實經驗

Widget 公司的 CEO Jeff 在公司年會開場時大聲宣布「讓我們開始 Scrum 旅程吧！」對公司而言，這是一個重要的策略。近年來，Widget 公司業內的競爭對手不斷增加。Jeff 已經閱讀了許多關於 Scrum 如何幫助公司提高競爭力的資料，而且好幾位同事也曾向他推薦這個方法。

幾週後，敏捷轉型正式開始。Jeff 與外部的 Scrum 顧問團隊緊密合作，在幕後將一切安排妥當。首先要挑戰的是組建 Scrum 團隊。事實證明，解散現有的測試、編寫程式碼及設計部門來組建跨職能團隊會很麻煩。為了儘快完成轉型，Jeff 要求部門主管在各自的部門內組建 Scrum 團隊，包括三個開發團隊、一個設計團隊及兩個測試團隊。部門主管將同時兼任他們團隊的 Product Owner，而 Scrum Master 這個新角色則指派給職責尚未被詳細規劃的成員。另一個重大挑戰是儘快讓所有人接受培訓並取得認證。值得慶幸的是，外部顧問提供了經過認證的培訓，而且還為每個 Scrum 團隊提供常見的最佳實務培訓，例如：撰寫使用者故事、規劃撲克牌、使用備妥的定義（definition of ready）以及一些樂高活動。有了這些安排，Jeff 鬆了一口氣，並明白現在該由 Scrum 團隊承擔責任與掌控全局了。

六個月後，我們收到了求助的聲音。我們走進一個混亂的組織，這裡和 Jeff 原先的期望相反，瀰漫著憤世嫉俗與士氣低迷的氣氛。團隊抱怨管理層、其他團隊及顧問。他們無法在一個 Sprint 內完成任何事情，因為他們需要依賴其他團隊一起協作。他們曾提議重組跨職能 Scrum 團隊，但被部門主管拒絕。而部門主管與 Jeff 則反過來抱怨團隊缺乏承諾。他們為了讓團隊能順利開始付出了非常多的心力，結果只看到這些努力付之一炬。他們沒有得到預期的自組織，只得到抱怨、問題和憤世嫉俗。從現在開始，他們將重新拿回掌控權。Scrum 框架失敗了。

這個案例生動地描繪出自組織，或者說是完全缺乏自組織的情況。自組織是 Scrum 框架的重要特性之一，但卻非常難以定義，並讓人感到困惑。對於那些不完全了解建立與維持自組織有多困難的人來說，他們會將自組織

視為治療各種組織病痛的良藥。有些人將自組織視為一種可以選擇自己角色與定義自身工作方式的手段。還有些人則將它視為是一種可以設定自己薪資，並與同事進行績效評估的方法。有些人甚至會使用自組織當作每年選出新的管理團隊、使團隊自行承擔績效的盈虧或是完全授權團隊自行組隊的方式。

在本章中，我們從 Scrum 框架的角度認識自組織，同時分享低層次自組織的常見症狀與可能的原因。在本章的最後，我們將提供範例，以展示健康的 Scrum 團隊在自組織中的樣貌。

究竟有多糟？

透過 survey.zombiescrum.org 的線上症狀檢測工具，我們持續監控喪屍 Scrum 的擴散與流行情況。截至撰寫本書時，已參與檢測的 Scrum 團隊狀況如下：*

- 67% 的團隊成員只會或主要做他們專業領域的工作。
- 65% 的團隊對於團隊成員的組成沒有或僅有有限的發言權。
- 49% 的團隊對於目前的 Sprint，從未或很少有明確的目標。
- 48% 的團隊同時處理多個專案或產品。
- 42% 的團隊對於他們的工具與基礎設施沒有或僅有有限的發言權。
- 37% 的團隊沒有或僅有有限的閒置技能，難以應付團隊成員突然無法參與任務的情況。
- 19% 的團隊對於在 Sprint 期間的工作方式幾乎沒有發言權。

---

* 這些百分比是在10分為滿分的評分制度下，獲得6分或更低分數的團隊。每個主題以10～30個問題進行衡量。這項結果來自2019年6月至2020年5月期間參與**survey.zombiescrum.org**自我報告研究的1,764個團隊。

為何要自組織？

自組織是 Scrum 框架的核心概念。儘管自組織具有重要意義，但卻非常難以定義。人們常常將自組織誤以為「自管理」，或者誤以為是團隊應該自行做出決策。雖然它的區別可能看似微不足道，但可以幫助我們在本章中更深入了解兩個 Scrum 的基本真理。第一個是 Scrum 如何利用自組織作為槓桿，使組織更加敏捷。第二個是 Scrum 團隊需如何要求高度的自管理以實現自組織。

什麼是自組織？

在不同的科學領域中，從生物學到社會學，從電腦科學到物理學，自組織是一種從最初的無序自發轉變成有序的過程。[1] 在不受外力影響的情況下，系統中最小單位之間自然產生有秩序的互動，就是自組織的結果。自組織在我們周遭的許多層面不斷發生。當風吹沙創造出美麗的形狀時，自組織就發生了。當螞蟻在缺乏明確智慧的引導下，共同築起巨大的蟻窩時，自組織就發生了。同樣地，當人們可以在人群中交會時，毫不費力地避免相互碰撞，自組織就發生了。

當你把一大群員工聚集在一起時，就是此現象的一個好範例。起初會很混亂，因為他們不知道該如何一起工作，管理者可以透過命令建立秩序。然而，這種秩序是強制的，不算是自組織。或者，員工也可以在沒有外部指導的情況下，對於如何執行與協調工作達成共識。雖然這個範例以「員工」為最小單位，但你用 Scrum 團隊來替代，也可以達到同樣的效果。同樣地，當你把 50 個團隊放在一起工作時，規則、結構及協作也會自發形成。至於是否有效，那就是另一個問題了。

---

[1]　Camazine, S., et al. 2001. Self-Organization in Biological Systems. Princeton University Press.

自組織的成功與它是否會變得混亂或是變成有用的解決方案，取決於兩個主要因素。第一個是團隊所遵循的簡單規則，第二個是團隊實際擁有的自主權。

透過簡單的規則實現自組織

自組織成功的第一個要素是系統中最小單元所遵循之規則的簡單性與品質。一個常見的例子是鳥群在天空中飛翔，形成精緻且複雜的圖案，這叫做「群飛」。這些美麗的圖案，是鳥群遵循幾個簡單規則而產生的：牠們保持相同的速度，並與牠們身邊的鳥兒保持一樣的距離。[2] 當每隻鳥都遵循這些簡單的規則，速度、距離及方向的微小變化都會導致群鳥迅速地拉長、轉向及翻轉，進而產生巨大的變化。如果沒有這些簡單的規則，鳥群就會出現混亂。自組織並不是要反映出鳥類個別的自主性，而是要反映出當群體中的個別成員都遵循一些簡單的規則時，團體層面的模式就會自然形成。

Scrum 框架刻意為 Scrum 團隊定義一個必須遵循的基本規則：每個 Sprint 都要交付一個「完成的」增量，以實現 Sprint 目標。這個增量是透明性、檢視性及調適性的主要驅動力。它賦予了 Scrum 中所有結構元素的意義：角色、工件和事件。儘管遵循這個規則肯定不像跟周圍的鳥兒保持相同的速度與距離那樣簡單，但持續遵循這個規則將會帶來系統性的改變。

開發產品的人，也就是 Scrum 團隊，將會發現有些事情阻礙了他們在每個 Sprint 發布完成的增量。他們可能會發現自己的技能不足或是需要依賴團隊外部人員幫他們完成工作。或者缺乏授權使得 Product Owner 很難定義一個明確的 Sprint 目標。隨著 Scrum 團隊辨識與消除障礙，遵守單一規則就會變得越來越容易。這使得他們能更快地改善他們的工作方式，以應對

2　Hemelrijk, C. K., and H. Hildenbrandt. 2015. "Diffusion and Topological Neighbours in Flocks of Starlings: Relating a Model to Empirical Data." PLoS ONE 10(5): e0126913. Retrieved on May 27, 2020, from https://doi.org/10.1371/journal.pone.0126913.

工作中越來越多的回饋以及獲得回饋的速度。換句話說,他們在適應環境方面會越來越靈活與敏捷。Scrum 框架就是一個讓 Scrum 團隊專注在每個 Sprint 發布完成的增量,以帶來系統層面改變的方法。

不幸的是,受到喪屍 Scrum 困擾的團隊要麼不願意,要麼無法遵循這個單一規則。在這種情況下,Scrum 框架無法起作用,自組織既不會發生,也不會朝敏捷發展。

透過自管理實現自組織

自組織成功的第二個要素在於人員與團隊擁有決定自己規則的自主權。思考此問題的一種方式是將團隊所做的工作視為一條河流。障礙或挑戰可能會以石頭的形式出現在河道上。河道上的堵塞物越多,可以從石頭旁邊流過的選擇就越少。因此增加團隊的自主權,團隊自然能繞過他們工作上的障礙。組織科學家通常將此稱為「自管理」。在這種管理思維下,團隊負責的是完整的產品、產品的一個獨立部分或是某一個特定服務。[3] 團隊在以下幾個領域擁有一定程度的自主權,不需要由管理者替他們決定,也不必遵守嚴格的政策與協議:[4]

• 如何選擇與招募團隊的新成員?

• 如何對團隊及其成員進行獎勵與評估?

• 團隊如何營造安全與協作的環境?

• 如何訓練團隊的重要技能,以及由誰進行訓練?

• 團隊如何安排時間?

• 團隊如何與其他團隊、部門及單位同步工作?

---

[3] Hackman, J. R. 1995. "Self-Management/Self-Managed Teams." In N. Nicholson, Ency-clopedic Dictionary of Organizational Behavior. Oxford, UK: Blackwell.

[4] Cummings, T. G., and C. Worley. 2009. Organization Development and Change, 9th ed. Cengage Learning.

- 團隊如何設定目標？

- 團隊需要哪些設施與工具來完成工作？

- 團隊如何制定決策？

- 團隊如何分配工作？

- 團隊使用哪些方法、做法及技術？

在上述的每一個領域，團隊的自主權最終都介於「完全沒有自主權」與「有完全自主權」之間。

自管理團隊的概念看似新穎，但其實存在已久。自管理是社會技術系統（sociotechnical systems，STS）方法中很重要的一部分，該方法是由塔夫史塔克人際關係研究所（Tavistock Institute of Human Relations）在第二次世界大戰期間所提出的。[5] 自管理團隊因此開始出現在各個產業，包括許多汽車製造工廠。[6] 不同於原先盛行的傳統組裝配線製造，團隊負責完成汽車的整個子系統（剎車、電子設備等）。團隊還負責自己的計畫、排程、任務分配、人員招募以及培訓，並且不需要管理層的參與。多年來，這些針對社會技術系統的大量研究顯示，該系統大幅提升了工作滿意度、積極度、生產力以及品質。[7] 其中一個社會技術系統的範例，就是日後啟發 Scrum 框架與精實方法（lean methodology）的豐田生產系統（TPS）。

儘管 Scrum 指南將 Scrum 團隊定義為「自組織」，但這意味著要實現「自組織」過程，團隊需要「自管理」。Scrum 團隊擁有制定產品及工作方式決策所需的角色與責任。然而，實際上大多數 Scrum 團隊的自管理能力都非常有限。為了減少團隊自管理時可能出現的混亂與無序，許多組織反而

---

[5]　Hackman, J. R., and G. R. Oldham. 1980. Work Redesign. Reading, Mass. Addison-Wesley.

[6]　Rollinson, D., and A. Broadfield. 2002. Organisational Behaviour and Analysis. Harlow, UK: Prentice Hall.

[7]　Bailey, J. 1983. Job Design and Work Organization. London: Prentice Hall.

嚴格控制團隊的工作方式。他們要麼不了解自組織的機制，要麼就是不相信其成果——結果就是變成喪屍 Scrum。

自組織是複雜世界中的生存技能

複雜環境的特點就是高度的不可預測性與不確定性。這使得它們變得不穩定且佈滿風險。市場瞬息萬變，新技術也在一眨眼間變得廣泛普及，而且隨之而來的是，你可能會發現這些新技術隱藏著需要立即修復的安全性漏洞。新的競爭對手帶著卓越的產品進入市場，打破了看似無懈可擊的市場地位。然後還有全球性的災難，例如：2008 年的金融危機與 2020 年的 COVID-19，這些災難在一夕之間顛覆了全球經濟，讓許多公司都措手不及。隨著我們的世界日益全球化與緊密相連，無法預測與具有高度影響力的事件也越來越多，這些都需要立即調適。統計學家 Nassim Taleb 稱這些為「黑天鵝」事件。[8]

Taleb 接著描述組織是如何經常針對他所謂的「穩健性」（robustness）進行優化。[9] 為了減少「易變性」（volatility），他們依賴標準化與集中協調來減少組織內外的有害變化。例如，所有團隊在解決特定問題時，必須使用相同的技術或遵循相同的程序，或是設立集權式的指導委員會來指導多團隊的產品開發。透過採用嚴格的標準與協調結構，組織能夠在改變很小的情況下限制變化的影響。但在日益動盪的世界中，這種僵化使他們無法適應變化，甚至可能澈底摧毀他們。

另一種方法是優化「反脆弱性」（antifragility）。與其試圖抵抗變化與衝擊，反脆弱性系統在受到壓力時反而變得更強大。例如，Netflix 的工程團

---

[8]　Taleb, N. N. 2010. The Black Swan: The Impact of the Highly Improbable, 2nd ed. London: Penguin. ISBN: 978-0141034591.

[9]　Taleb, N. N. 2012. Antifragile: Things That Gain from Disorder. Random House. ISBN: 978-1400067824.

隊開發了一款名為「Chaos Monkey」[10] 的工具，它可以隨機終止其基礎設施中的服務。每當所終止的服務對終端使用者造成干擾時，工程團隊就會重新設計架構以減少影響。隨著時間進展，回應這些隨機衝擊幫助 Netflix 提高基礎設施的韌性。

太空探索技術公司（SpaceX）發射火箭的節奏刻意比其他發射供應商還要快。[11] 每當發射失敗時，他們的自管理團隊就會更新技術、協定及流程，以避免未來發生類似的情況。其他組織包括 P&G、Facebook 及 Toyota，都藉由同時進行許多小型實驗以探索不同的替代方案。儘管大多數的實驗結果失敗，但還是有些取得了成功。更重要的是，他們的自管理團隊從失敗中汲取教訓，並因此成長得更加茁壯。

在反脆弱組織中，這三種思維會很明顯：

1.　當問題出現時，他們依賴自管理團隊進行自組織（請參閱圖 11.1）。

2.　他們鼓勵嘗試，在失敗中不斷成長茁壯。

3.　他們透過單迴圈與雙迴圈學習，努力從失敗中學習（請參閱第 9 章）。

整體來說，組織發展的技能、技術及實踐，不僅能夠在複雜的不確定性中生存下來，還因為能夠比其他組織更快地調適而茁壯成長。不幸的是，就如同我們在本章後面所探討的，反脆弱性所需的變化與冗餘，往往被那些喪屍 Scrum 組織視為低效率與浪費。

10　Izrailevsky, Y., and A. Tseitlin. 2011. "The Netflix Simian Army." The Netflix Tech Blog. Retrieved on May 27, 2020, from https://netflixtechblog.com/the-netflix-simian-army-16e57fbab116.

11　Morrisong, A., and B. Parker. 2013. PWC, Technology Forecast: A Quarterly Journal 2.

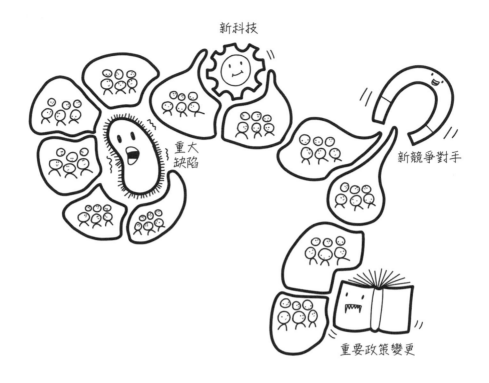

圖 11.1 就像組織的免疫系統一樣，自管理團隊能在挑戰與機會出現時快速自組織

反脆弱性的概念將我們在本書中所寫的許多內容緊密聯繫在一起。Scrum框架積極地提倡這個概念。它仰賴自管理團隊在面對挑戰時進行自組織，透過遵循每個 Sprint 都發布完成的增量這項規則，所有團隊難以達成的因素都會顯現出來，包括許多針對優化穩健性而非反脆弱的因素，例如：嚴格的結構控制缺乏授權、冗長的回饋循環以及高度專業（但沒有分散化）的技能。藉由在每個 Sprint 發布完成的增量，團隊可以有效地引入更多成功與失敗的機會，讓他們有機會反思自己的成果並從中學習。當組織有許多團隊都這麼做時，整個系統將變得更具有反脆弱性。

最重要的原則

作者 Neil Stephenson[12] 在小說《Seveneves》中描述了一場災難性事件，在這個事件中，地球周邊忽然出現密集的隕石碎片群，並且即將隕落並摧毀所有生命。為了拯救人類，工程師們開始建造一個可以容納數千人的太空站，這個太空站可以環繞著地球繼續運行，直到地球再次變得適合居住。然而工程師們並沒有建造一個巨大的太空站，而是設計一大群較小的自主太空站，可以根據需要來連接與斷開。由於地球周圍仍有大量碎片在軌道上運行，即使是一個微小的碎片也可能造成災難性後果，因此單一的太空站將會非常危險。雖然群體中的每個單位還是會容易受到災難波及，但小一點的太空站可以更容易避開飛來的隕石碎片。此外，個別太空站的損失不會立即威脅到整個群體的生存。這個太空站群體現在可以比單一太空站更有效地自組織以應對即將發生的災難。

這個比喻完美說明了 Scrum 框架的目標。傳統的結構是透過集中管理來標準化並嚴格控制工作，以避免風險與變化，而 Scrum 的目標就是要打破這個傳統結構。就像比喻中的大型太空站一樣，這些結構在穩定的環境中運作良好。然而我們的世界變得越來越複雜，充滿了可能會引起混亂的意外碎片。Scrum 框架能讓自管理的 Scrum 團隊成為故事中比喻的群體，並實現反脆弱性。成為自管理的團隊，讓每個 Scrum 團隊都增加了可變性，進而提高存活能力。

---

[12] Stephenson, N. 2015. Seveneves. The Borough Press. ISBN: 0062190377.

為什麼我們無法自組織？

既然自組織這麼重要，那為什麼在喪屍 Scrum 中無法實現？接下來，我們將探討觀察到的常見狀況與潛在原因。當你意識到背後的原因，就能更容易選擇合適的介入措施與實驗。同時，這也幫助我們理解即使每個人都想做到最好，但喪屍 Scrum 還是會發生的原因。

「新兵，現在你明白自組織是多麼地重要了吧。也許它聽起來有點空洞，但它是你最佳的生存策略。」

在喪屍 Scrum 中，我們的自管理能力還不夠

正如本章前面所探討的，如果 Scrum 團隊的自管理能力受到限制，那麼他們就很難透過自組織來應對共同的挑戰。在喪屍 Scrum 組織中，大部分或所有的領域都傾向於「完全沒有自主權」。喪屍 Scrum 團隊無法自行決定他們自己的工作事項，包括何時完成、由誰完成等，而是由其他人為他們做出決定，他們必須先獲得批准，或者必須遵守現有的標準或是「我們這裡的工作方式」。

需要注意的徵兆：

- Scrum 團隊無法自行決定誰能加入他們的團隊，而是由外部管理者或人力資源部門決定。

- Scrum 團隊無法自行更改工具或工作環境以符合他們的需求。

- Product Owner 對於「他們」的產品僅具備有限的授權。他們要不是沒有權力做決策，就是必須經常取得許可。

- Scrum 團隊所依賴的其他團隊、部門或人員經常受到很多負面的流言蜚語攻擊或指責。反之亦然。

- 人們對工作的目的與共同開發產品的回應充滿不信任。團隊士氣低落。*

---

* 關於衡量團隊士氣的免費工具，請參考teammetrics.theliberators.com。

當專業人員被信任能做出正確決策時，自管理才能發揮作用。不幸的是，被喪屍 Scrum 感染的組織通常沒有展現出這種信任。提到自管理，缺乏信任的表現包括不讓專業人員自行決定如何完成工作，而是依賴外部專家來決定。而且，Product Owner 在發布產品前必須經過冗長的核准流程。即使在微妙與不明顯的方式中，專業人士也無法獲得充分的信任，以至於無法以謹慎、周到、且符合組織利益的方式運用其自主權。

這種缺乏信任的情況助長了相互指責的惡性循環，Scrum 團隊抱怨管理層沒有提供他們足夠的發揮空間，而管理層則抱怨 Scrum 團隊不承擔責任。管理層感受到團隊的士氣低落與憤世嫉俗，通常是因為團隊對於缺乏掌控權的回應。當人們覺得能力受到他人限制時，他們會採取不同的策略來應對產生的焦慮。抱怨或指責他人就是這種應對策略的好例子，這樣就能夠藉由將自己的挫折感轉移到他人身上來緩解焦慮，並減輕他們自身的責

任。另一種應對團隊士氣低落的策略是退出集體承諾，或是收回「人們在團隊工作上表現出的熱情與堅持。」[13]

自管理與信任是相輔相成的。這樣的轉變並不容易，團隊會犯錯，甚至有時會犯更嚴重的錯誤。但是如果人們沒有犯錯的自由，他們就永遠無法學習，也永遠不會致力於實現自己的目標。總是會有「行為不良者」處心積慮地破壞公司或追求自身利益而損害他人。但是，與其實施嚴格的制度與政策來防止錯誤與破壞，限制錯誤所導致的損傷反而更有幫助。最好的做法是提供一個能讓團隊感受到犯錯所帶來的後果，並且學到如何避免重蹈覆轍的過程。

自管理的重點並不是取消所有規則或是允許團隊為所欲為。重點是賦予團隊權力，讓他們設計與塑造他們完成工作的方式，同時也對所做的決策負責。這個過程的一部分發生在團隊內部；另一部分則發生在團隊共同合作釐清彼此的動態時。這就是自組織出現的時刻。

> 嘗試以下實驗來改善你的團隊（請參閱第 12 章）：
>
> - 找出一套最小的自組織規則。
> - 利用權限代幣（permission tokens）來揭露低自主性的代價。
> - 打破規則！
> - 觀察正在發生的事。
> - 尋找能推動整合又能保有自主性的行動方案。

---

[13] Manning, F. J. 1991. "Morale, Unit Cohesion, and Esprit de Corps." In R. Gal and A. D. Mangelsdorff, eds., Handbook of Military Psychology, pp. 453–470. New York: Wiley.

在喪屍 Scrum 中，我們使用現成的解決方案

喪屍 Scrum 組織喜愛遵循標準化的方法、明確的框架及「業界的最佳實踐」。對他們來說，這個偏好感覺比建立自己的做法更有效。他們認為自己在從別人的經驗中學習，就像那些實施「Spotify 模型」的組織總是期望能夠複製 Spotify 的頂尖工程文化一樣。但是「複製」他人的方法存在三個大問題：

- 將適用於某組織的成功模型複製到另一個組織，等於是忽略了原本組織獨特的情境才是解決方案有效的原因。例如，Spotify 的文化與環境，和試圖複製其「模型」的銀行與保險公司完全不同。原本適用於 Spotify 的方法可能完全不適用於其他組織。

- 複雜系統的本質意味著不存在「模型」或「最佳實踐」。當雙迴圈學習與自組織不斷重塑人們的合作方式時，像 Spotify 這樣的組織就會處在不斷變化的狀態。儘管你可以參考 Spotify 特定時期的樣貌，並將其角色、結構及規則複製到你的組織中，但真正的模型並不在於 Spotify 的結構，而是對於學習與自組織的專注。事實上，Spotify 也非常努力展示他們的結構一直都在改變，不應該被複製。[14]

- 從其他組織仿效「最佳實踐」，等於是跳過一開始產生這些配方的雙迴圈學習與自組織過程。單純複製（所謂的）結果，組織永遠無法培養出解決複雜挑戰所需要的學習能力。事實上，複製會阻礙自組織與雙迴圈學習的養成，因為你從別的地方複製現成的解決方案，會直接被整個組織用來執行（請參閱圖 11.2）。

---

[14] Floryan, M. 2016. "There Is No Spotify Model." Presented at Spark the Change conference. Retrieved on May 27, 2020, from https://www.infoq.com/presentations/spotify-culture-stc/.

圖 11.2　提供現成解決方案的一站式商店感覺非常便利

Spotify 就是一個很明顯的例子，但這個論點也適用於其他試圖從別處複製最佳實踐的情況，它還適用於那些想採用特殊結構解決方案的框架，而忽略雙迴圈學習與自組織的情況。

需要注意的徵兆：

- 人們會說「不要重造輪子」（意即不要多此一舉）等等的話。

- 聘請外部專家來實施他們的最佳實踐或是沒有讓員工參與規劃就「推動」改革措施。

- 沒有先進行小範圍的實驗，就將別的組織的成功方法直接套用在整個組織中。

- 當你詢問人們採用這些外部框架或解決方案（例如：SAFe、LeSS 或 Spotify 模型）是為了解決什麼問題，你沒有得到明確的答案。

你當然可以從其他組織的解決方案中獲取靈感。但與其直接複製他們的做法，倒不如創造一個可以讓人們學習與犯錯的環境。不要去複製植物，而是去複製它生長的環境。創造一個鼓勵人們探索問題根源的環境，讓人們在工作上擁有自主權，而且可以嘗試不同的做法。這就是雙迴圈學習、自組織中開始浮現各種天馬行空的創意解決方案的開始。

> 嘗試以下實驗來改善你的團隊（請參閱第 12 章）：
>
> • 找出一套最小的自組織規則。
>
> • 使用開放空間（open space）技術發展本地解決方案。
>
> • 尋找能推動整合又能保持自主性的行動方案。

在喪屍 Scrum 中，總是由 Scrum Master 解決所有障礙

Scrum Master 有責任協助開發團隊解決障礙。當開發團隊具備足夠的自管理能力時，隨著經驗的增長，他們就應該越來越有能力自行解決障礙。但在喪屍 Scrum 中，這種情況並不會發生，Scrum Master 仍然忙著處理同樣的障礙。開發團隊變得越來越依賴他們的 Scrum Master 解決所有阻礙他們前進的問題。不論 Scrum Master 主動提供解決障礙的方案或是接受開發團隊的所有請求，都助長了此問題。雖然 Scrum Master 是出於好意，但卻無法幫助團隊建立自行解決問題的能力。

需要注意的徵兆：

- 在 Sprint 回顧會議中，Scrum 團隊期望 Scrum Master 能解決大部分的挑戰。

- Scrum Master 會例行性地執行一些任務，例如：更新某些軟體授權、更新 Jira、為團隊購買辦公用品或預訂會議室。

- Scrum Master 總是在引導 Scrum 事件的進行。

- 當開發團隊開始對其他人（包括 Product Owner）產生依賴時，Scrum Master 通常會解決這些問題。

深信排除問題是自己責任的 Scrum Master，他們造成的問題遠比他們所解決的問題還要多。並不是所有的問題都會變成障礙。我們一般會將障礙定義成（1）阻礙開發團隊達成 Sprint 目標與（2）超出他們可以自行解決問題能力的挑戰。通常，需要 Scrum Master 幫助的障礙類型會隨著時間而改變（請參閱圖 11.3）。一開始，他們會專注於幫助 Scrum 團隊與組織了解 Scrum 框架的目的：為何在每個 Sprint 發布一個完成的增量很重要？Sprint 目標可以如何幫助團隊在複雜的環境中更有效率？Scrum 的各種事件、角色及工件如何幫助團隊以經驗法則執行工作？

隨著團隊對於 Scrum 的理解逐漸提升，他們可能需要幫助以改變團隊的組成──他們需要不同的技能或人員，以便更能以經驗法則執行工作。他們也可能發現，團隊需要不同的工作方式與工程實踐才能將這些不同技能集結於一個團隊，並從中獲益（例如：自動化測試、精實 UX、新興架構以及持續部署）。

隨著 Scrum 團隊變得更有能力以經驗法則執行工作，他們可能會遇到與其他部門和團隊有關的更大障礙。例如，人力資源部門可能會獎勵個人的貢獻，而不是獎勵整個團隊。或是 Scrum 團隊可能很難與其他 Scrum 團隊同

步工作。又或是銷售部門依舊銷售著固定價格／固定範疇的專案。最終，障礙可能涉及整個組織的運作方式，例如，因為市場條件產生變化而導致每年的產品策略定義不再具有參考價值，或是管理層苦惱該如何為自管理的 Scrum 團隊提供最佳支援。

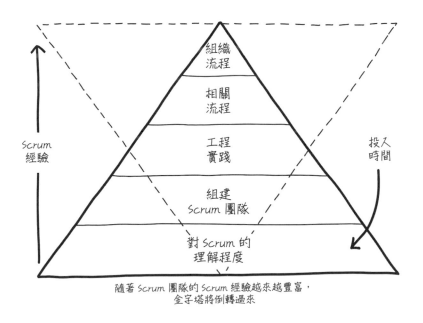

隨著 Scrum 團隊的 Scrum 經驗越來越豐富，
金字塔將倒轉過來

圖 11.3 Dominik Maximini 的障礙金字塔（impediment pyramid）[15]

雖然 Scrum Master 一開始就會面臨各種障礙，但首要任務是讓 Scrum 團隊與經驗過程開始進行。一旦這些「經驗主義的引擎」開始運轉，就會為各種待解決的障礙建立透明性。隨著時間進行，當 Scrum Master 將大部分的精力轉移到更廣的組織層級障礙時，金字塔就會倒轉過來。但是喪屍 Scrum 團隊還是會困在金字塔的底部。

15　Source: Maximini, D. 2018. "The Pyramid of Impediments." Scrum.org.

233

> 嘗試以下實驗來改善你的團隊（請參閱第 12 章）：
>
> - 觀察正在發生的事。
> - 表達明確的求助訊息。
> - 找出一套最小的自組織規則。

在喪屍 Scrum 中，Scrum Master 只關注 Scrum 團隊

當 Scrum 團隊遵循每個 Sprint 發布一個完成增量的單一規則時，他們必然會遇到許多妨礙他們以經驗法則進行工作的障礙。雖然有些障礙僅限於 Scrum 團隊，但多數障礙都跟其他團隊、部門及供應商有關。

因此，Scrum Master 處於一個理想位置，可以幫助組織在工作上更加善用經驗法則。他們每天都能看到阻礙 Scrum 團隊的問題與需要改善的地方。他們與其他的 Scrum Master、Product Owner、開發團隊以及利害關係人一起合作，從內而外引導組織朝著提升經驗主義與敏捷性的方向邁進。

不幸的是，陷入喪屍 Scrum 的組織並未善用 Scrum Master 的潛力來改變他們的組織。有時候，Scrum Master 會誤解自己的角色，因此只關注自己的團隊。其他時候，Scrum Master 被期望以團隊為中心，而把更大的障礙留給其他人或外部專家。

需要注意的徵兆：

- Scrum Master 不花時間與其他團隊的 Scrum Master 一起克服團隊面臨的障礙。

- Scrum Master 的工作敘述特別強調他們對團隊的責任，而沒有任何別的說明。

- 敏捷教練與企業教練負責支援 Scrum 團隊周遭的工作環境。

- Scrum Master 不與管理層協調解決與障礙有關的工作。

但是 Scrum Master 要如何改變整個組織呢？這不是單靠一己之力就能做到的，這就是他們必須與其他 Scrum Master、Product Owner、開發團隊以及利害關係人一起工作的原因。他們分配自己與團隊合作以及與其他人合作的時間，以鼓勵團隊之間的自組織。每個 Scrum Master 都不一樣，有些人會花較多的時間進行跨團隊合作或與管理層合作，有些人則更滿足於與自己的團隊合作。和跨職能團隊一樣，組織內的 Scrum Master 社群必須擁有在團隊層面及組織層面推動改變的能力。經驗豐富的 Scrum Master 還可以培訓與協助經驗不足的 Scrum Master。

Scrum Master 會視情況決定如何推動整個組織的改變。這可以透過意義建構工作坊（sense-making workshop）的形式，讓團隊（代表人）理解哪些是重要的指標並制定改善策略。或是透過參訪其他公司的方式來了解別人如何使用 Scrum。Scrum Master 還可以特別為關鍵問題（例如短週期時間或程式碼品質不佳）建立透明性，邀請團隊進行檢驗與調適。

無論如何，當組織投資更多在聘用經驗豐富的 Scrum Master 與培養內部 Scrum Master 社群的技能時，他們對於外部專家與其他教練的需求將會減少。

當試以下實驗來改善你的團隊（請參閱第 12 章）：

- 觀察正在發生的事。

- 安排 Scrum Master 障礙分享會（impediment gatherings）。

- 尋找能推動整合又能保持自主性的行動方案。

- 使用開放空間技術發展本地解決方案。

在喪屍 Scrum 中，我們沒有目標或是被強加目標

在缺乏明確目標指引自組織的情況下，若團隊與成員擁有足夠的自主權，他們可能會朝許多不同的方向發展。這種情況經常發生在喪屍 Scrum 中，它可能會對參與其中的每個人帶來巨大的挫折。

需要注意的徵兆：

- 在 Sprint 期間，沒有明確的目標可以幫助團隊在團隊內部與團隊之間協調工作。

- 假設有 Sprint 目標，團隊卻無法明確說明利害關係人能如何從達成的目標中獲益。

- 人們主要處理自己在 Sprint 待辦清單上的任務。當工作中出現問題時，他們大多會在沒有其他人幫忙的情況下自行解決問題。

- 即使負責同一個產品，Scrum 團隊也不知道其他 Scrum 團隊在做什麼。

所有組織都會面臨其中一項主要挑戰，那就是校準（alignment）。在傳統管理下，管理者的核心任務是確保團隊、部門及員工的工作能與組織的計畫、目標及策略保持一致。舉例來說，當多個團隊共同開發一項產品時，管理者可以使用每週進度報告或每週進度會議來了解正在發生的事情，並決定要開始或停止哪些工作，或是要求團隊處理更重要的事情。這樣看似有效，但也使管理者本身變成瓶頸。管理者可能無法得知現場發生的狀況、使用者遇到的問題，或是團隊發現的潛在商機等等的即時資訊。這使得他們與整個組織更難應付環境中的突發變化。此外，讓管理者負責校準，意味著他們的創造力、智慧及經驗決定了校準的成功程度。

自管理團隊使用不同的機制來讓工作保持一致，並在團隊內部及團隊之間推動自組織。他們不需要專門的角色（管理者）或標準化結構（制度與政策），而是透過令人信服的目標與鼓舞人心的目來自行校準。

共同的目標就像是自組織的引導軌道。為了加快決策速度與善用團隊本身的知識，產品的目標應該由 Scrum 團隊自行設定。Sprint 目標就是一個很好的例子。當 Scrum 團隊為目前的 Sprint 設定一個明確且有價值的目標時，就能幫助他們決定 Sprint 待辦清單中哪些項目對實現目標最重要。當成員發現某些事情阻礙目標的實現時，這讓 Scrum 團隊有機會退一步思考如何前進，以及如何調整 Sprint 待辦清單。除了 Sprint 目標，Scrum 團隊應該一起設定技術目標，或是改善目標。產品策略與中階的產品目標應該由 Product Owner 與利害關係人一起制定。這樣一來，Scrum 團隊在對影響產品的變化做出快速回應的能力也會發揮到極致，並最大化他們的工作價值。

高階目標，例如商業目的與策略目標，可能由其他人（例如管理層）制定。即便如此，讓每個人都參與目標制定可以贏得他們的支持，並能加入更多的觀點。當人們理解目標的原因時，他們會更容易朝著期望的方向建立自組織。

當試以下實驗來改善你的團隊 (參閱第 12 章)：

- 透過有力的問題制定更好的 Sprint 目標。

- 找出自組織的最小規則集合。

- 尋找能推動整合又能保持自主性的行動方案。

在喪屍 Scrum 中，我們不把周遭環境當作外部記憶

當團隊將周遭環境視為外部記憶時，自組織就會變得越來越容易。在喪屍 Scrum 環境中工作的 Scrum 團隊通常無法做到這一點。這阻礙了一種重要的自組織形式，即「蟻群效應」(stigmergy)。

需要注意的徵兆：

- Scrum 團隊沒有實體的 Scrum 任務板。取而代之的是，組織準則要求所有團隊使用相同的數位工具。

- 團隊不得在牆上張貼資訊海報。「清理辦公桌政策」也包含了牆壁。

- 團隊成員之間的溝通主要是透過 Slack、電子郵件等數位方式。沒有實體的資訊公布欄 (information radiator) 可供團隊聚集在一起討論。

蟻群效應最早是由生物學家 Pierre-Paul Grassé 在白蟻群體中發現的。[16] 儘管白蟻本身不具備智慧，但它們會一起打造巨大而複雜的巢穴。這是因為白蟻會製造出一些注入費洛蒙的泥球。最初這些泥球是隨機放置在不同的

---

[16] Bonabeau, E. 1999. "Editor's Introduction: Stigmergy." Artificial Life 5(2): 95–96. doi:10.1162/106454699568692. ISSN: 1064-5462.

位置，而其他白蟻嗅到費洛蒙的氣味，並放置類似的泥球後，久而久之，泥球就會聚集在同一個地點。隨著泥球堆不斷地增加，它們對其他白蟻也越來越有吸引力，因而形成一種正向的回饋。

「蟻群效應」是指當一個主體（例如：人、螞蟻、機器人）在環境中留下的軌跡非常清楚表明下一步會發生什麼時，另一個主體就可以在不需要直接溝通或控制的情況下完成任務。

人類組織中關於「蟻群效應」的案例包括維基百科與開源專案[17]：個人執行小任務並留下軌跡（承諾、想法、缺陷報告）讓其他志願者發現。在沒有任何人指引的情況下，他們卻能夠一起建立免費的百科全書、成熟的軟體及複雜的框架。協調複雜的工作而不需要持續的直接溝通。環境中留下軌跡的品質與這些線索的可取得性決定了後續行動的品質，也決定了自組織發生的程度。這些軌跡必須非常具體，具體到可以成為下一個行動（或蟻群效應行動）的必要條件。[18]

蟻群效應是 Scrum 團隊協調工作的重要機制（請參閱圖 11.4）。產品待辦清單、Sprint 待辦清單及增量是已完成或將要完成工作的軌跡。在 Sprint 期間，Sprint 待辦清單後面的項目越清晰、越精煉，團隊就越能在不需要直接溝通的情況下協調工作。當 Scrum 團隊透過持續整合來同步他們的工作時，這種情況也會發生，因為損壞的建置作業或是失敗的部署都代表有工作需要完成。自動化測試也鼓勵蟻群效應行動，因為失敗的測試會指出需要解決哪些具體問題。在牆上展示清楚的 Sprint 目標將幫助 Scrum 團隊區分哪些事情重要或不重要，並為蟻群效應行動提供方向。

---

[17] Heylighen, F. 2007. "Why Is Open Access Development So Successful? Stigmergic Organization and the Economics of Information." In B. Lutterbeck, M. Bärwolff, and R. A. Gehring, eds., Open Source Jahrbuch. Lehmanns Media.

[18] Heylighen, F., and C. Vidal. 2007. Getting Things Done: The Science behind Stress-Free Productivity. Retrieved on May 27, 2020, from http://cogprints.org/6289.

不幸的是，喪屍 Scrum 經常會阻礙蟻群效應；實體環境無法強化外部記憶。團隊可能被要求使用公司指定的數位工具，而不是將 Sprint 待辦清單掛在團隊會議室的牆上。或者，Sprint 回顧會議中提出的行動項目最終可能流落在電子郵件中或某人的抽屜裡，而不是明確地展示在牆上。架構圖不再以可移動的白板呈現，而是被儲存在電腦資料夾中。重要的指標被記錄在數位儀表板中，只有 Product Owner 可以查看。這並不是說數位工具不好，而是用登入的方式或存在電腦資料夾中會很容易隱藏工作軌跡，使它不那麼顯眼，阻礙了蟻群效應。你必須積極尋找這些資訊才能找到它們。例如，架構圖儲存在網路特定資料夾中，Sprint 待辦清單位於瀏覽器的某個書籤，而上一個 Sprint 的改善行動就是兩天前發送的電子郵件……這些導致軌跡變得不活躍。將正在進行或需要進行的工作佈置在團隊周圍，可以幫助團隊內部與團隊之間的自組織。

圖 11.4　將一起工作的軌跡圍繞在我們身邊可以讓我們更容易合作、建立彼此的工作基礎

> 嘗試以下實驗來改善你的團隊（參閱第 12 章）：
>
> • 運用實體 Scrum 任務板。
>
> • 觀察正在發生的事。
>
> • 提出有力的問題來設立更好的 Sprint 目標。

在喪屍 Scrum 中，我們受到標準化的阻礙

由於自管理團隊在決定如何展開工作方面有更大的自主權，因此效率思維（請參閱第 4 章）可能會導致一些強烈的言論，例如「如果每個團隊都以不同的方式展開工作，那將會一團亂！」、「多次重造輪子，這樣效率真的很低！」或「那將會導致一片混亂」。在這些言論背後的信念是：針對同一個問題的多種解決方案不如單一的標準化解決方案有效。但是，這樣會出現兩個重要的問題：

1. 當團隊做出不同的選擇時，為什麼會是個問題呢？每個團隊都不同，而且所面臨的環境多少都有些不同；團隊對於同樣的問題也可能會有不同的解決方案，但是如果每個團隊都能有效解決問題，會有什麼差異？

2. 為什麼對於標準化、集中化及一致性解決方案的渴望會超越團隊對於創造最大化結果的渴望呢？

需要注意的徵兆：

- 每當 Scrum 團隊需要更改工具或流程時，都必須得到團隊外部人員的批准。

- 在每個 Sprint 期間，Scrum 板上經常有大量項目出現在「等待」欄位，這些項目需要由產品的直接利害關係人（例如其他團隊、部門或供應商）以外的人來執行某個動作或批准，才能將該項目移到「完成」欄，因為這是標準程序要求的。

- Scrum 團隊無法改變他們的實體或數位工作空間，因為他們必須遵守組織預設好的政策。

- Scrum 團隊被要求遵循標準化的做法，例如：撰寫使用者故事、估算故事點及標準化的工具與技術。

- Scrum Master、開發人員及 Product Owner 的工作說明都是標準一致的，沒有將這些職位的情境納入考量。

在高度標準化的環境中，Scrum 團隊因為受到限制而無法針對即時變化的環境開發出在地化的解決方案。當標準化的解決方案、工具、結構或做法無法有效應對環境變化時，將會影響團隊或甚至整個組織。這樣的標準化使整個系統在面對突然變化時變得更加脆弱。假設所有團隊都在使用的某種技術堆疊（technology stack）突然被發現存在無法修補的嚴重安全漏洞。如果要求所有的團隊都要撰寫使用者故事，但是使用者故事不適用於一些領域，而讓這些領域的團隊感到沮喪時，該如何面對呢？如果具有高度專業技能的人突然跳槽到競爭對手公司，那該怎麼辦呢？

能使組織對突發的改變更具有反脆弱性（請參閱第 10 章）的是解決方案、功能、實踐以及結構的可變性，而不是標準化。這種可變性降低了問題發生時在組織引發混亂的可能性。它也能促使雙迴圈學習，因為每一種改變本質上都是一種實驗，只是結果不同。這種冗餘可能看似沒有效率，

像是浪費一樣。但正如 Nassim Taleb 所說「冗餘是〔……〕在沒有發生不尋常事件時，就像浪費一樣。而事實上，不尋常的事件會經常發生。」[19] 在複雜的環境中，冗餘是一種競爭優勢。

當自組織被賦予空間時，多樣化的解決方案便會自動浮現。當自管理團隊能有自主權提出在地化的解決方案時，反脆弱性便會由此而生。於此同時，可以採取一些做法，讓團隊分享成功的方法，藉此帶給其他團隊新的啟發。程式碼資料庫、正在進行中的改革倡議、內部的部落格以及一般市場的創新解決方案等，都是可以幫助團隊主動分享知識的好例子。

> 嘗試以下實驗來改善你的團隊（參考第 12 章）：
>
> - 尋找能夠推動整合和自主性的行動方案。
> - 打破常規！
> - 表達明確的求助訊息。
> - 安排 Scrum Master 障礙分享會。
> - 透過權限代幣揭露低自主性的代價。

健康的 Scrum：自組織的樣貌

喪屍 Scrum 通常是因為當團隊遇到工作障礙，卻受限於自管理能力不足而引發。有鑑於此，我們在本書中討論的許多其他問題就浮現了。Scrum 團隊通常非常清楚那些讓快速交付、打造利害關係人需求及持續改善變困難的障礙。但是如果團隊在消除這些障礙的過程中沒有取得控制權與相對應的支持，那麼團隊陷入喪屍 Scrum 的困境也就不足為奇了。

---

[19]　Taleb, Antifragile.

在本章的這一部分，我們探索了健康 Scrum 團隊的樣貌。自組織的樣貌？他們如何自管理工作？ Scrum 團隊如何共同努力推動組織內的改變？ Scrum Master 與管理層的角色又是什麼？

Scrum 團隊擁有產品自主權

健康的 Scrum 團隊擁有完全的自主權，可以決定產品的相關事項，包括如何、何時以及由誰來完成。在 Scrum 團隊中，Product Owner 對於產品的「內容」（What）擁有自主權，而開發團隊則對於工作的「執行方式」（How）擁有自主權。Product Owner 有最終權決定待辦清單上的項目與其順序，並由他們所制定的產品願景或策略所指引。開發團隊則對於工作的執行方式，以及在一個 Sprint 範圍內應完成的工作量有最終的決定權。

當 Scrum 團隊擁有完全的自主權，這並不代表他們可以忽視他人而為所欲為。這裡就能藉助「控制點」（locus of control）概念的幫助。[20] 當團隊針對產品做出決策時，控制點是內部的，但當決策是為自己做決定時，控制點則是外部的。儘管控制點仍在 Scrum 團隊手中，他們會密切跟利害關係人、其他 Scrum 團隊、相關部門以及管理層協調工作。擁有內部控制點，也意味著必須對決策結果（無論成功或失敗）負起責任。

更完整的概述請參考表 11.1。自管理的其他領域 —— 例如設定自己的薪資、維持團隊損益平衡以及在團隊內部進行績效評估 —— 可能是這類控制的延伸，但這些並不是必要的。同樣地，有些 Product Owner 可能擁有設定產品預算的自主權。儘管這種預算權非常有幫助，但也不是必要的。不過 Product Owner 至少要有權力能自行決定如何使用被分配的預算。

---

[20] Rotter, J. B. 1966. "Generalized Expectancies for Internal versus External Control of Reinforcement." Psychological Monographs: General and Applied 80: 1–28. doi:10.1037/h0092976.

表 11.1　Scrum 框架中，一些主要領域的控制點與責任歸屬

控制點／角色	Scrum團隊	Product Owner	開發團隊	Scrum Master
為產品制定策略		√		
決定完成的定義	√			
定義Sprint目標	√		√	
Sprint待辦清單包含哪些項目，排列順序為？			√	
產品待辦清單包含哪些項目，排列順序為？		√		
產品待辦清單項目的工作要如何完成？			√	
誰是開發團隊的一份子？			√	
解決開發團隊無法自行解決的障礙				√
為了以經驗主義進行工作而維護Scrum框架的完整性				√

在許多組織中，可能會有許多 Scrum 團隊共同開發一個產品。在這種情況下，Scrum 團隊可以自行決定是否（以及如何）分配工作。增加更多的團隊勢必會增加複雜性。Product Owner 必須找到在多個 Scrum 團隊之間分配工作的方法。Scrum 團隊在每個 Sprint 完成整合彼此工作的增量時，會與其他團隊產生更多的依賴關係。

健康的 Scrum 團隊會一起合作找出擴展工作規模的最佳方式。他們不走捷徑使用現成的框架來縮短學習過程，而是透過雙迴圈學習來辨識發生障礙的地方與原因。有時候，技術堆疊可能會妨礙每個 Sprint 的發布。在其他情況下，團隊可能因為集中辦公而讓協調更順暢。有創意的解決方案會從雙迴圈學習中浮現出來。例如，Scrum 團隊能減少多個團隊共同開發一個產品的複雜性，因為他們發現一項產品可以被拆分成數個更小的產品或服

務。或是他們決定投入資源建立持續部署的管道,這可以讓整合與發布共同工作變得更容易。

有自管理和雙迴圈學習,自組織才能成功實現。自主的 Scrum 團隊能根據他們遇到的問題建立自己的規則、結構及解決方案,而不是讓管理層或是外部顧問告知應該做什麼。

管理層支援 Scrum 團隊

除了 Scrum Master 外,管理者在支援自管理與自組織上扮演著關鍵角色。管理者可以是支援者,也可以是破壞者。在健康的 Scrum 環境中,管理者不會透過上對下的控制、現成的框架或標準化解決方案來強迫團隊校準。相反地,他們會專注於設定更大的策略目標,讓 Scrum 團隊能夠從中提煉產品特定的目標。他們不會強調單元測試覆蓋率必須達到 100%,而是設定提高顧客對產品品質滿意度 25% 的目標。他們也不會決定新的利害關係人的產品待辦清單內容,而會設定在 6 個月內進入新市場的目標。他們更不會要求團隊遵循現成的框架或做法,而是鼓勵團隊提出使他們更有效率的需求,然後支援這些需求。

就像 Scrum Master 一樣,管理者的角色是為了支援自管理與自組織。他們不是透過制定決策來領導,而是創造一個讓 Scrum 團隊能自行決策的環境。

「新兵呀,自組織就像一條河。它被牆壁、水閘及碎石限制得越多,就越難以繞過那些必然出現的障礙。」

接下來呢？

在本章中，我們探討了什麼是自組織，以及它是如何透過自管理團隊來實現。這和通常具有的抽象概念不同，我們解釋了為什麼在複雜、不確定且隨時會有突發變化而中斷專案的環境中，自組織是重要的生存策略。我們還探討了一些常見的症狀，幫助你辨認自組織的程度是否過低。雖然仍然有許多潛在的原因，但是我們已經介紹了最重要的幾個原因。

但是當面臨自組織程度太低的情況時，你能做什麼呢？本章列出的幾個原因可能超出你能控制的範圍。在下一章中，我們將提供幾個實用的實驗來協助你創造改變。

12 實驗

「文化就像步履蹣跚的喪屍，重複著它所做過的事情；即使身體的一部分掉落了，它也沒有察覺。」

——Alan Moore，
漫畫作家

在本章中，你將會：

- 探索十個可以培養與提升自組織的實驗。

- 了解這些實驗對於在喪屍 Scrum 中生存有何影響。

- 探討如何進行每個實驗以及需要觀察什麼。

在本章中，我們將分享實際可行的實驗來為團隊創造更多的自管理空間，並培養與鼓勵團隊與整個組織的自組織。雖然實驗難度各不相同，但每個實驗都可以讓後續步驟更加順利。

增加自主性的實驗

以下實驗是為了增加團隊的自主性，或者至少可以讓缺乏自主性的情況變得透明。當團隊能自主提出自己的解決方案時，自組織將更有可能成功。

使用權限代幣揭露低自主性的代價

當團隊對外部人員的依賴增加時，他們的自主性就會降低。有些依賴較為明顯，例如，當 Scrum 團隊需要外部人員為他們處理某些事情時。有些依賴則較不明顯，像是團隊必須向外部人員請求權限或批准才能繼續進行工作就是一個例子。這個實驗的目的就是揭露團隊必須從何處以及多頻繁取得許可（請參閱圖 12.1）。

圖 12.1 假如沒有那些限制 Scrum 團隊的事情，他們會更有可能創造奇蹟

投入／影響比

投入		這個實驗只需要一個罐子、一些代幣及Sprint審查會議的幾分鐘時間。
對生存的影響		即使在最喪屍化的環境中，只要能重新獲得一點控制感，就能讓人們鬆一口氣。

步驟

若要嘗試此實驗，請執行以下步驟：

1. 找一個空罐子或其它容器，放在團隊空間裡。最好是在 Sprint 待辦清單附近。

2. 發給團隊的每一個人一堆權限代幣。你可以使用彈珠、樂高積木、磁鐵或便利貼，並用不同的顏色代表不同的權限類別。例如，發布某個項目的權限、將項目移到 Scrum 板上其它欄位的權限，或是變更你的工具或環境的權限。為了讓流程簡單一點，我們建議將權限限制在五種類別以內。

3. 在 Sprint 期間，每當 Scrum 團隊中的人必須向外部人員請求許可時，就將一個權限代幣放入罐中。例如，當某個項目完成，並且需要由外部架構師批准時，或是當 Product Owner 必須與外部管理者共同審查某個項目時，請將一個代幣放入罐中；當你需要辦公室管理階層的授權以購買便利貼時，請將一個代幣放入罐中；當你需要外部管理員更改設定檔時，也請將一個代幣放入罐中；除了請求許可外，每當你需要外部人員執行特定操作時，也要將一個代幣放入罐中。

4. 在 Sprint 審查會議中，與利害關係人分享罐中的代幣數量，並問：「這如何影響我們在當下快速調適的能力與做出最有價值的行動？我們可以如何將事情簡單化？」邀請大家先靜默思考這個問題，然後兩人一組討論兩分鐘，接著兩組合併再討論四分鐘。最後，與整個團隊一起

記錄最重要的改善事項。Sprint 回顧會議是挖掘潛在改善事項的絕佳時機。

我們的發現

- 從另一個角度看，你可以用不同的顏色代表團隊中的每一個人。這能讓你辨識出哪位成員最常需要授權。

- 如果你想關注組織官僚主義的程度，就不要為直接利害關係人（例如：客戶、使用者或在你的產品投入大量金錢或時間的人）的請求添加權限代幣。

- 本章提到的「打破常規！」實驗非常適合測試哪些情況應該請求許可，哪些只會阻礙團隊做對的事情。

尋找能推動整合又能保持自主性的行動方案

自管理的 Scrum 團隊在組織中所面臨的艱難挑戰是，當他們持續與其他團隊進行工作上的整合時，需要同時保持他們的自主性。由於整合性與自主性都很吸引人，我們不能只是做出非此即彼的決定，我們正面臨所謂的「吊詭的挑戰提問」。這個實驗是為了找到能同時支援兩邊的方法，而不讓擺錘完全擺向任一邊。透過這個方式，你可以幫助團隊將思維從「非此即彼」（either-or）轉為「沒錯，而且」（yes-and）。這個實驗與其對應的工作表（請參閱圖 12.2）是以活化結構「整合～自主」為基礎。[1]

---

[1] Lipmanowicz, H., and K. McCandless. 2014. The Surprising Power of Liberating Structures: Simple Rules to Unleash a Culture of Innovation. Liberating Structures Press. ASN: 978-0615975306.

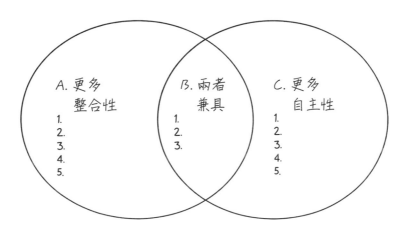

圖 12.2 使用於整合～自主的簡單工作表 [2]

投入／影響比

投入		嚴謹的引導與有力的問題能讓此實驗受益匪淺，並可以幫助團隊擺脫僵局。
對生存的影響	★★★★☆	當人們開始看到自主性與整合性不是對立的關係，更多的自主性與整合性可能會出現。

步驟

若要嘗試此實驗，請執行以下步驟：

1. 邀請能增加 Scrum 團隊自主性或是能讓團隊將別處完成的工作進行整合的利害關係人。這包括 Scrum 團隊本身、團隊依賴的部門（反之亦然）及管理階層。

---

[2]　Source: Lipmanowicz and McCandless, The Surprising Power of Liberating Structures.

2. 首先，協助人們具體思考自主性和整合之間的矛盾。詢問「在 Scrum 團隊的工作中，我們在追求自主性和整合之間有哪些矛盾？」先請大家靜默思考（一分鐘），然後邀請大家以兩人一組的方式分享他們的想法（兩分鐘）。接著，由整個團隊分享所記錄的最重要案例（五分鐘）。例如：Scrum 團隊在 Sprint 待辦清單上的自主性與在 Sprint 期間要能夠處理外部人員提出的緊急問題，兩者之間可能存在矛盾。Product Owner 將產品待辦清單排序的自主性與使該排序跟企業策略一致，兩者之間可能存在矛盾。允許 Scrum 團隊自行選擇工具與必須使用符合企業環境安全的工具，兩者之間也存在矛盾。

3. 下一個步驟是探索能促進整合的行動。在這個步驟中，請參與者使用圖 12.2 所示的整合～自主工作表。該表包含三個欄位與一些空白處，可以在空白處寫下能促進更多整合（A）、更多自主性（C）或兩者兼具（B）的想法。團隊先聚焦在 A 欄，並詢問「哪些行動可以促進 Scrum 團隊的活動與別處正發生的活動進行整合？」先請大家靜默思考（一分鐘），然後邀請大家以四人一組的方式分享他們的想法（五分鐘）。接著，將小組認為最重要的行動記錄在工作表的左欄（十分鐘）。

4. 接著，探索能促進自主性的行動。詢問「哪些行動可以促進 Scrum 團隊的自主性？」將這些行動記錄在工作表的右欄。先請大家靜默思考（一分鐘），然後邀請大家以四人一組的方式分享他們的想法（五分鐘）。接著，將小組認為最重要的行動記錄在工作表的右欄（十分鐘）。

5. 既然你已經擁有應對這個棘手問題工作表一側的行動，接下來幫助小組進入「沒錯，而且」的思維。詢問小組「哪些行動既能促進整合，又能促進自主性？」將這些行動記錄在工作表的中間欄。先請大家靜默思考（一分鐘），然後邀請大家以四人一組的方式分享他們的想法（五分鐘）。接著，將小組認為最重要的行動記錄在工作表的中間欄（十分鐘）。

6. 既然人們已經具備辨識行動能否滿足工作表兩側的經驗，接下來調查先前的行動，看看能否將它們移至中間欄。詢問「在工作表中任一側的行動，有哪些可以進行創意修改，以同時促進整合和自主性？」先請大家靜默思考（一分鐘），然後邀請大家以四人一組的方式分享他們的想法（五分鐘）。接著，將小組認為最重要的行動記錄在工作表的中間欄（十分鐘）。

7. 將行動依照促進整合與自主性的能力排序，並為最有影響力的行動找出 15% 解決方案（請參閱第 10 章）。

我們的發現

* 要找出特定且具體的行動可能不容易。不斷詢問「你會如何為我們做到這一點？」或是「它在這裡看起來會是什麼樣子？」，讓團隊跳脫那些抽象又老生常談的想法（例如「更多溝通」）。

* 如果團隊人數很多，可以讓四個人為一組，並負責步驟 2 找出的其中一個行動。讓每個小組以行動的角度填寫整個工作表。

* 你可以用其它棘手的挑戰來代替整合性與自主性這兩個面向。例如，盡可能快地回應變化與預防重大錯誤之間也存在矛盾，以及標準化與客製化之間也存在矛盾。你可以使用任何合理的棘手挑戰！

打破常規！

組織制定規則是有充分理由的。通常組織是想藉由規則來預防錯誤的發生，以保護公司及員工不受傷害。但有些錯誤並不像規則要預防的錯誤那樣嚴重。許多 Scrum 團隊無法自組織或為了公司的最佳利益行動，就是因為受到規則阻礙。這個實驗是為了測試出哪些規則很重要。在大公司進行這個實驗可能有些風險，但我們會幫助你做好準備。

投入／影響比

投入		這個實驗需要你既大膽又小心謹慎。如果越界可能會付出代價。
對生存的影響		如果你能做到這一點，這個實驗就有可能樹立正面榜樣，並引起改變的浪潮。

步驟

若要嘗試此實驗，請執行以下步驟：

1. 召集整個 Scrum 團隊。找出一個被禁止採用但對組織或利害關係人有明顯好處，或能讓你的團隊更有效率的行動。例如，修復另一個團隊程式庫中的程式錯誤或是未事先向特定管理者請求許可就批准變更，這樣做也許能讓你的團隊在遇到問題時就能立即解決，而不需要交給其他人。本章其它地方提到的實驗「使用權限代幣揭露低自主性的代價」是找到更多規則的好方法。

2. 討論如果你們打破規則會發生什麼事。會有什麼後果？這個結果能證明這樣做是合理的嗎？如果其他團隊也無視這個規則，對組織會有什麼影響？

3. 制定計畫，為你們打破規則而可能陷入麻煩的情況做好準備。你要如何讓自己的行為合理化？是否有辦法事先減少衝擊，例如發送一封友好的電子郵件或一盒巧克力？

4. 當你確信你的行動對組織是最有利且風險是可以接受時，就打破規則。如果不確定，請不要打破規則。

5. 如果你成功了，召集團隊一起討論是否與如何永久改變規則。你可以用你的行動做為範例，說明為何規則已經過時。第 10 章中的「在整個

組織分享障礙資訊」與「利用正式與非正式人際網路來推動變革」實驗可以幫助你開始這個討論。

我們的發現

- 這個實驗的目的並不是要建立反叛團隊來擾亂大家的工作和造成傷害，而是要挑戰那些阻礙成功的過時規則。不要選擇只有利於你的團隊而無利於組織的行動。

- 不要對個人或組織造成永久傷害。請選擇較為溫和的方式，而不是直接打破規則。

鼓勵自組織的實驗

當人們在工作中發展出自己的規則與工作方式以應對在地化挑戰時，自組織就形成了。比起使用別人建立或複製別處的解決方案，這些在地化解決方案更適合團隊所面臨的挑戰，而且更有效。然而，團隊通常很難提出高品質的在地化解決方案，除非他們對自己的決策能力充滿信心。以下的實驗可以幫助建立信心。

找出一套最小的自組織規則

正如我們在第 11 章中所探討的，自組織是自管理團隊一起工作時自發性出現的過程。極少數重要的規則比許多沒必要的規則更好。你可以透過以下的實驗來找出這些重要的規則。這個實驗是基於活化結構的「最小規格」。[3]

---

[3] Lipmanowicz and McCandless, The Surprising Power of Liberating Structures.

投入／影響比

投入		這個實驗需要嚴謹的引導與努力來吸引參與Scrum團隊工作的每一位夥伴。
對生存的影響		正如成群的鳥兒可以遵循一些規則在空中創造出美麗的隊形一般，Scrum團隊在相互協作時也是如此。

步驟

若要嘗試此實驗，請執行以下步驟：

1. 邀請所有正在開發具體產品的 Scrum 團隊，也包括團隊依賴或從團隊所做的工作中受益的人，例如利害關係人、管理層及相關部門。聚會的目的是為了闡明必須遵守的規則，以便在 Scrum 中取得成功。

2. 兩小時的時間盒應該會很充足。透過闡明某項挑戰來開場，例如「為了在每個 Sprint 交付一個已整合且完成的增量，我們必須共同遵守哪些規則？」

3. 邀請每個人花幾分鐘，寫下自己實現挑戰所需要的規則，無論規則大或小。採用「我們必須……」或「我們絕對不能……」的句子來寫規則（兩分鐘）。然後請大家分組（3 ～ 5 人），將他們的清單合併成一個較長的清單（十五分鐘），這些就是「最大規格」。向整個團隊徵詢一些範例來推廣這個想法（五分鐘）。

4. 重申這次挑戰的問題，讓每個人都能記住。

5. 請大家檢視他們在小組中所建立的清單。讓他們自己安靜地測試每個項目所對應的挑戰（兩分鐘）。如果違反或忽略某個規則，是否仍然能達成目標？幾分鐘後，鼓勵大家將各自的想法帶回小組，共同協作把清單縮減到最少數量（十五分鐘）。移除那些違反或忽略時並不會妨礙團隊完成挑戰的規則，同時移除或重新制定那些在行為方面要求不明

確的規則（例如：「我們必須更常溝通」或「我們必須在可以信任的環境中工作」）。蒐集那些被留下來的「最小規格」，並進行總結。

6.　當你或團隊覺得所蒐集的「最小規格」還可以再進一步簡化，可以再進行一次縮減過程。在這種情況下，請讓小組認真思考所蒐集的「最小規格」清單，然後重複相同的步驟。

7.　將最終的「最小規格」當作一組協作的基本規則。請定期重複此實驗來更新規則。你可以參考本章的「表達明確的求助訊息」實驗，以清楚表達負責維護規則人員提出的需求。

我們的發現

- 團隊經常會想要制定許多規則，但是他們的目標應該是找出最少數量的規則，這比聽起來還要有挑戰性。我們發現，在這個練習中制定 3～5 條規則的目標會比較好。這些基本規則必須是非常重要且具體，這樣一來，當他們違反規則時，人們會立即採取行動。

- 活化結構「最小規格」非常適合幫助團隊辨識協作時的規則。你可以把它應用在挑戰上，例如：「身為管理層，我們必須遵守哪些規則才能支援我們的 Scrum 團隊？」或是「身為 Scrum 團隊，為了在每個 Sprint 都能夠成功達成目標，我們必須遵循哪些規則？」。

表達明確的求助訊息

當你無法從別人那裡得到需要的東西時就會容易抱怨，但是你的要求有多明確？實際回應有多明確？要清楚表達你需要從別人那裡獲得什麼才能成功，這並不容易，而當你就是接收這個要求的人時，要給出明確的回應也不容易。

含糊的溝通往往容易導致挫折與指責，這是令人遺憾的，因為自管理團隊經常需要他人的幫助才能取得成功。以下實驗可以讓團隊清楚地表達出需

要幫助的請求，並對別人提出的請求給予明確的回覆。它可以建立更有效的溝通模式，並產生長遠的影響。這個實驗是基於活化結構的「需求互助」（What I Need from You，WINFY）[4] 方法。

投入／影響比

投入		這個實驗需要嚴謹的引導。你可能會感受到緊張，因為這個實驗將事情變得真實（以一種好的方式）。
對生存的影響		這個實驗對於當下的狀況是有幫助的，但同時也可以對組織內部人們的溝通方式帶來長遠的影響。

步驟

若要嘗試此實驗，請執行以下步驟：

1. 邀請 Scrum 團隊以及對發布完成的產品增量有直接或間接參與的部門。這可以包含維護或基礎設施團隊、人力資源部、行銷部或管理層。說明此活動目標是讓每個職能部門向其他部門提出他們為了成功所需要的協助。然後，他們也會獲得明確的回應，了解他們的需求是否能被滿足。

2. 請參與者依照他們平時工作的職能類型組成數個小組。將 Scrum 團隊分為一個小組，人力資源則為另一個小組……以此類推。

3. 請參與者列一張清單，寫出他們對房間內其他職能部門的首要需求。邀請他們先個別進行此流程（一分鐘），然後以混合職能的方式分成二人一組（兩分鐘），然後再分成四人一組進行（四分鐘）。最後，請大家與他們所屬的小組或職能的其他成員聚在一起，刪減他們蒐集的需求，直到剩下最重要的兩個需求（十分鐘）。這些要求以「我需要你

---

[4] Lipmanowicz and McCandless, The Surprising Power of Liberating Structures.

做的是……」的形式書寫，而且必須指明其他特定的小組。可以視小組人數的多寡，給予小組額外的時間討論與精煉他們的請求，時間約 5 ～ 10 分鐘。請他們表達清楚，不能含糊不清。

4. 請各職能部門選出一位發言人，並邀請他們進入中央的圓形區域，讓每個發言人對其他相關職能部門的發言人說明他們的兩個最大需求。當針對特定的組別提出需求時，該組別的發言人只能記錄，不能回答。重要的是，不能進行討論或解釋。

5. 當所有需求都提出後，請發言人回到各自的小組，討論出對每個需求的回應。並刻意限制只能回覆「同意」、「不同意」或「什麼意思？（我們不理解你的要求）」。

6. 請發言人再次聚集在圓圈中，每個人依序陳述他們所蒐集到的要求與回覆。同樣地，不討論，也不詳細解釋。

7. 你可以根據情況，多進行幾次來讓他們提出要求並給予回覆。目標是要清楚展示（即使很痛苦），在尋求幫助時，清楚表達是多麼重要，這就是為什麼我們通常在進行一次後就會停止。然而，有時候團隊已經清楚了解這個概念，如果能提出新的需求，也許可以幫助他們取得更大的進展。在這個情況下，再進行一次實驗的好處將會超出紀律與嚴謹的需求。

我們的發現

- 這個實驗的目標是練習提出明確的要求與給予明確的回應。它並不是提供討論的地方。如果要求不夠清楚，就代表團隊必須努力讓溝通變得更加明確。

- 在此實驗中，當各個小組表達清楚的要求，並且（最終）獲得明確回應時，夾雜一些緊張情緒是正常的。當這種情況發生時，請認可並接受這種緊張。

- 鼓勵參與者在實驗以外的地方使用相同的形式來溝通他們的需求。如果需求沒有被理解或是被否定，可以嘗試用不同的方式提問。

- 如果你看到團隊成員在抱怨並指責他人，請詢問他們具體需要什麼，以及他們是否已經充分地溝通這項需求。

觀察正在發生的事

經驗不足的 Scrum Master 經常急於解決問題、提供建議及指示前進的方向。雖然這能帶來幫助，但也可能阻礙團隊學習與成長的能力，並且削弱他們的自組織能力。這個實驗是為了幫助 Scrum Master 在解決問題及促進成長與自主性之間找到更好的平衡。

投入／影響比

投入		實驗難度取決於你能否適時地袖手旁觀。大多數的Scrum Master都急於提供幫助，這會讓實驗變得困難。
對生存的影響		能夠觀察Scrum團隊的運作系統，就可以讓我們開始發現更大障礙。

步驟

若要嘗試此實驗，請執行以下步驟：

1. 在 Sprint 開始時，向團隊請求暫時退居幕後。這個時候也適合說明自組織以及你可能會阻礙自組織的原因。身為 Scrum Master，你還是要參加各種活動，但你不需要積極參與，意思就是不引導，不提供建議，也不主導。但你還是可以回答問題或是在團隊陷入困境時提供幫助。

2. 在 Sprint 期間，觀察團隊的運作狀況。請使用下一節內容提到的清單作為靈感。每當觀察到某件事情時，不要急著下結論或進行解釋。相反地，問問你自己具體看到或聽到了什麼。

3. 在 Sprint 回顧會議中，探討你處於被動角色時對團隊的影響。有哪些事會因此而變得可能？團隊成員會在哪些地方注意到自組織？

4. 如果團隊對此感興趣，你可以在 Sprint 回顧會議中分享你的客觀觀察。例如，你可以說「在 Sprint 的第一天，我發現十項工作中有七項還在『進行中』」或「我注意到每日 Scrum 會議通常會因為等其他夥伴加入而延後 5 ～ 8 分鐘才開始。」先讓團隊有機會意識到並理解這些觀察，接著再以建設性的方式分享你自己的觀察。團隊在一起工作中學到什麼？你注意到哪些障礙？

5. 使用本書中其它實驗來分析與解決你發現的障礙。善用你的觀察，並在 Sprint 期間提出開放性問題。在觀察的基礎上，適時而有力的問題可以帶來重大的洞見，否則這些洞見可能需要數月才能發現。例如：「在這次 Sprint 中，我們從未與利害關係人互動。這與我們為他們打造有價值產品的目標一致嗎？」

以下是你在觀察中可以注意的一些事項：

- 團隊的互動看起來如何？誰經常發言？誰不常說話？

- 當團隊中有成員提出建議時，通常會發生什麼事？這些建議會被考慮？被忽略？被批評？或是延伸出其他的想法？

- 在 Sprint 期間工作的流程是什麼樣子？在 Sprint 期間的某一天，有多少工作處於正在進行中？什麼類型的工作項目往往會在欄位中停留很長的時間？誰注意到這一點？

- 相互依賴關係對團隊有什麼影響？它們何時發生？它們是什麼樣子？需要等多久才能繼續進行？

- 團隊在 Sprint 期間的氣氛如何？成員是大笑還是微笑？是否有強烈的情緒反應？成員是一起工作還是獨自工作居多？

- 當團隊遇到問題時會發生什麼事情？ 誰會主動解決這些問題？誰會參與其中，誰不參與？總是由同一個人帶領嗎？他們是先探索不同的選項，然後選擇其中一項，還是直接選定一個解決方案？

- 開發團隊如何與 Product Owner 互動？ Product Owner 出現的頻率有多高？ Product Owner 會收到什麼樣的問題？以及會給出什麼樣的答案？Product Owner 在決定如何排序產品待辦清單時考慮了哪些因素？開發團隊是否有參與其中？

- 團隊如何組織與協調工作？在每日 Scrum 會議期間做出了哪些決策？

- 團隊如何與所在的環境互動？他們與其他 Scrum 團隊的互動頻率是？他們因為別人提出要求而中斷工作的頻率是？

我們的發現

- 觀察正在發生的事情也是開發團隊要學習的技能。你們可以輪流嘗試這個角色。「觀察者」仍然需要完成他們的工作，但在聚會期間請扮演被動的角色。

- 當你習慣帶領團隊衝鋒陷陣時，坐視不管可能會很難，尤其是當你發現團隊正陷入困境時。請相信他們有能力解決問題。相反地，也不要一直置之不理。當 Scrum Master 想幫助組織以經驗主義解決問題時，要做的工作也很多。將這個實驗視為一個短暫的休息，並利用這段時間來了解下一步應該採取什麼行動。

- 這個實驗需要團隊信任你擔任 Scrum Master 的角色。否則，觀察會讓人感覺像在監視。你必須非常清楚你觀察團隊的目的，而且觀察到的事情只能對團隊分享。如果團隊還不夠信任，可以先從其它實驗開始培養信任感。或是先練習以觀察者的身分參與一次 Scrum 事件。

促進自我調整的實驗

團隊的工作經常發生在更廣義的組織環境中,他們通常會需要與其他人的工作保持一致性。有別於傳統依賴集權式管理以及由上而下控制的方法,自組織可以從自我調整的過程中受益。在這裡,團隊與個人可以依據有價值的目標及環境中發生的事情進行自我調整。以下的實驗將更具體地說明這一點。

透過有力的問題制定更好的 Sprint 目標

Sprint 目標可以幫助 Scrum 團隊自組織彼此之間的協作。Sprint 目標也可以釐清這個 Sprint 的工作目的與價值。它為 Scrum 團隊提供靈活性,讓他們可以根據需要改變 Sprint 待辦清單,以應對突然的變化。然而,建立明確的目標對許多團隊而言是一件苦差事,尤其是在喪屍 Scrum 的環境中。這個實驗提供了十個有力的問題,協助你的 Scrum 團隊建立明確的 Sprint 目標。

投入／影響比

投入		你只需要提出問題,看團隊如何回答。要讓團隊對結果付諸實際行動,可能需要付出最大的努力。
對生存的影響		你可以透過明確的Sprint目標來提高自組織能力。

步驟

若要嘗試此實驗,請執行以下步驟:

1. 將以下描述的問題印在索引卡上,帶著它們參加各種 Scrum 事件。

2. 當 Scrum 團隊考慮接下來的 Sprint 要專注於什麼時，邀請大家提出一個問題，或是自己示範提出一個問題。有些問題對於剛開始建立 Sprint 目標時很有幫助，而有些問題在團隊心中已有想法但不夠明確時很有幫助。

- 如果我們用自己的錢支付這個 Sprint 費用，什麼工作最有可能讓我們拿回這筆錢？

- 當我們達成這個 Sprint 目標時，從利害關係人的角度來看，有什麼明顯的變化或改善？

- 如果我們在這個 Sprint 之後，因為時間或金錢耗盡而沒有下一個 Sprint 時，那麼為了至少能提供一些價值，我們必須去做哪一件事呢？

- 假使我們取消下一個 Sprint 然後去度假，有什麼是必然會失去的，或是變得更加困難？

- 哪些是達成這個 Sprint 目標必要的步驟？哪些是最不需要的，或者如果真的有必要時，我們可以省略哪些步驟？

- 如果我們突然只剩半個團隊的人可使用，而且只能完成 Sprint 目標所需要的一半工作，為了得到可接受的成果，Sprint 待辦清單上必須有哪些項目？我們可以暫時放棄什麼項目，之後再回頭來處理？

- 如果 Sprint 目標中有「與」（也就是目標不只一個）：如果你必須選擇，你會先完成哪一個目標？如果我們先完成第一個目標，而在另一個 Sprint 中完成第二個目標，會有哪些無法挽回的損失？

- 在實現這個 Sprint 目標的過程中，需要達成什麼才能舉辦慶祝活動？

- 我們的產品有什麼讓你寢不能寐的擔憂呢？在這個 Sprint 中，我們可以做什麼或測試什麼來讓你能睡得安心？

- 就價值與了解我們團隊還需要什麼而言,度過下一個 Sprint 的最糟糕方式是什麼?我們應該在這個 Sprint 專注哪些以避免這種情況發生?

受限於環境因素,你可能會發現這些問題沒有辦法立即提供你解答。當多個產品同時進行時,你會如何回答這些問題呢?或是你的 Product Owner 對於工作執行順序沒有發言權?或是當 Scrum 團隊無法在 Sprint 發布可運作的軟體?你不應該著重在如何在這些限制下制定 Sprint 目標,而是應該探索這些限制對你以經驗主義進行工作的影響。

事實證明,在制定 Sprint 目標時遇到困難是一個明確的徵兆,表示你可能需要在其它方面進行改善。Sprint 目標可以幫助 Scrum 團隊找出真正的障礙。

我們的發現

- 請向 Scrum 團隊取得進行這個實驗的許可。如果可以的話,就一起進行。在後面的 Sprint 中學習思考這些問題是團隊必須掌握的重要技能。

- 不要陷入推遲使用 Sprint 目標的陷阱,認為只有在消除所有困難的限制後才使用它。不完美的 Sprint 目標仍然比沒有目標來得好。如果沒有 Sprint 目標,那些不明確的目標通常就只是完成 Sprint 待辦清單上的所有工作。這既沒有為團隊帶來任何靈活性,也沒有明確的工作目的與價值。相反地,沒有 Sprint 目標就好像暗中向團隊發出信號,要求他們盲目地埋頭苦幹,削弱了團隊針對共同目標而自組織協作的能力。

運用實體 Scrum 板

在第 11 章中,我們探討了蟻群效應(stigmergy)是一種透過人們在環境中留下的足跡來自發地進行協調的自組織形式,這聽來可能很抽象,但它

特別適用於 Scrum 團隊。在這個實驗中，我們提供了一個很好的方法來促進團隊層級的蟻群效應（請參閱圖 12.3）。

投入／影響比

投入		這個實驗需要一起設置實體的Scrum板。鼓勵成員嘗試可能需要一些努力。
對生存的影響		這個實驗可以提升團隊的自組織能力。

步驟

若要嘗試此實驗，請執行以下步驟：

1. 與你的團隊一起在團隊空間中挑選一面空牆或窗戶，根據 Sprint 待辦清單建立一個實體 Scrum 板。請使用你們喜歡的方式打造 Scrum 板。我們喜歡先從放置那些寫在大索引卡的 Sprint 待辦清單項目的欄位開始。第一欄的每個項目基本上都有一行的空間。第二欄則放上較小的卡片，用於存放完成第一欄項目所需的行動計畫。其它欄代表團隊工作流程中的各個步驟，例如：「待辦」、「編寫程式碼」、「測試」以及「完成」。

2. 增加一組視覺標記來提示重要資訊。我們通常會使用紅色磁鐵來標記停滯不前的項目，你可以使用綠色磁鐵來標記第一欄中的已完成項目。其他想法則是給團隊每位成員一個專屬的頭像標記，標示在他們正在積極進行的項目上。

3. 將完成的定義放在 Scrum 板旁邊，並將 Sprint 目標以橫幅放在它上方。

4. 添加其它元素幫助團隊協調工作。你可能會想把所有的項目都丟到牆上，但請記得，這些項目都需要有人維護才有用。同時，這面牆最適合用來追蹤那些頻繁更新的項目，而且看到它們就可以知道下一步該做什麼。發布的工作流程與團隊的假期計畫最好記錄在其它地方。

5. 在整個 Sprint 期間，與團隊一起更新 Scrum 板。當發生某些事情時（例如：項目受到阻礙或完成時），可以藉由人們對於事件的關注來幫助團隊使用 Scrum 板。你可以先進行示範，將項目紀錄明確下來，並幫助其他成員做到同樣的事情。

6. 利用你的 Sprint 回顧會議來反思你是如何使用 Scrum 板。具體來說，你要想方設法提高你在 Scrum 板上公布項目的可行性。

圖 12.3　與你的 Scrum 團隊一起建立一個量身訂做的實體 Scrum 板

你可以在團隊空間增加其它可執行的追蹤項目，例如：

- 管道的部署狀態。

- 流程指標，這些指標會頻繁更新，而且可以做為下一步決策的依據（例如：「進行中的工作」或是緊急議題的等待時間）。

- 團隊維護重要服務的狀態指標。

說到蟻群效應，沒有什麼比實體的 Scrum 板更好用。它沒有限制呈現的內容或方式。起身將一張卡片移至另一個欄位，本身就是一種蟻群效應的行徑，因為它表示某件事已經準備好進入下一階段。如果你不想浪費便利貼，也可使用可書寫的磁性便利貼。如果你的團隊執意使用數位板，請務必在團隊空間放置一個大型且可移動的螢幕來展示它。

我們的發現

- 在一開始，人們可能會無法分辨實體 Scrum 板與數位板的差異。這就是一個與團隊說明蟻群效應與如何促進自組織行為的好機會。你可以試著在幾個 Sprint 中進行這個實驗，再決定哪一種形式最適合團隊。

- Jimmy Janlén 所寫的《96 Visualization Examples: How Great Teams Visualize Their Work》[5] 一書是其他範例的重要來源。

尋找在地化解決方案

雖然自組織是發生在個別團隊中，但隨著規模擴大，它會變得越來越強大。此外，團隊面臨的某些挑戰可能非常困難，以至於他們無法自行找到解決方案。以下實驗建立一個互助與共同創造在地化解決方案的環境。

---

[5]　Janlén, J. 2015. 96 Visualization Examples: How Great Teams Visualize Their Work. Leanpub.

安排 Scrum Master 障礙分享會

Scrum Master 的存在是為了幫助團隊與整個組織理解並依照經驗法則工作。這是一項艱鉅的任務，特別是在被喪屍 Scrum 影響的環境。我們一直以來的做法是先召集 Scrum Master，看看他們能在哪些方面相互幫忙與支援。這個實驗可以協助你做到這件事，這是以活化結構的「集思智慧」[6]方法為基礎。

投入／影響比

投入		讓Scrum Master在每個Sprint至少聚會一次，即使是用線上虛擬的方式也可以。這應該不太困難。
對生存的影響		當Scrum Master們開始一起工作時，自組織往往會在整個組織中蓬勃發展。

步驟

若要嘗試此實驗，請執行以下步驟：

1. 邀請組織中所有的 Scrum Master 參加第一次「Scrum Master 障礙分享會」。安排一小時的時間，採用遠端方式或是實體見面方式都可以。在每個 Sprint 安排一次是很好的起點，最好是在每個 Sprint 回顧會議後進行，因為大家對於障礙都還記憶猶新。請闡明開會的目的是為了解決棘手的障礙。請每個人提出他們覺得最棘手的障礙，最好是那些超出單一團隊的障礙。

2. 第一步是找出本次分享會最重要的障礙模式。兩個人一組，花幾分鐘分享他們認為最急需解決的障礙（兩分鐘）。更換組員並重複進行兩次（四分鐘）。最後，找出小組認為最明顯的障礙模式（五分鐘）。

6 Lipmanowicz and McCandless, The Surprising Power of Liberating Structures.

3. 請大家拉一張椅子圍坐成一個（大）圓圈。下一步，挑選 2 ～ 3 位願意接受其他人一同協助解決障礙的 Scrum Master。在每一回合，請其中一位 Scrum Master 扮演客戶，而其他人扮演顧問。並挑選對應到你小組所在意的障礙。

4. 客戶分享他們的障礙並尋求協助（兩分鐘）。顧問透過開放式的提問來釐清問題（三分鐘）。然後要求客戶背對顧問，如果是遠端會議的方式，就請他們關閉網路攝影鏡頭。當客戶背對他們時，顧問就可以互相交談，並透過提出問題、提供意見及建議的方式來幫助客戶。此時，客戶必須盡力保持安靜，過程中只能記筆記（八分鐘）。然後請客戶轉身面對顧問，分享哪些對他們是有用的（兩分鐘）。

5. 接著換下一個客戶。每次聚會的時間可以進行 2 ～ 3 個回合的討論。其他 Scrum Master 與障礙可以是下一個聚會的重點。

6. 使用「建立 15% 解決方案」（第 10 章）來記錄行動步驟。顧問通常也會獲得很多對自己團隊有用的啟發。行動步驟還可以包括幫助他人。

我們的發現

- 當你想要花時間深入探討特定且重複出現的障礙時，第 10 章的實驗「利用正式與非正式的人際網路推動變革」、「一起深入挖掘問題與潛在的解決方案」、「建立 15% 解決方案」與「建立改善配方」都非常有用。

- 即使感覺有些尷尬，請確保在每一個回合的第三個步驟（即前面第 4 點），讓客戶完全背對著顧問。因為客戶臉上再微小的表情，都有可能影響顧問提供意見。

- 你也可以將這個實驗應用在開發人員、架構師、管理者以及其他角色，或是混在一起使用。另外還有一個的變化版本叫做「三巨頭結構」[7]，參

---

7 Lipmanowicz and McCandless, The Surprising Power of Liberating Structures.

與人數規模比較少,也就是由三個人組成小組來互相給予協助。在這個實驗中,由一位參與者扮演客戶,而其他兩位扮演顧問。在這三個回合中,每位參與者都有一次機會扮演客戶的角色。

運用開放空間技術發展在地化解決方案

那些有喪屍 Scrum 的組織,經常採用先前在其它地方有效的解決方案與最佳實踐,但這些方法未必適用於本地的挑戰與環境。要促進在地化解決方案的發展,可以給予人們空間與時間,讓他們共同努力克服共同的挑戰。

開放空間技術(open space technology)[8] 就是一個很好的方法。議程由與會者制定,人們可以去他們認為能做出最大貢獻的地方。開放空間技術的自組織特性,讓它成為了學習自組織的絕佳方式。在這個實驗中,我們會大致介紹一個簡單的版本,並提供讓它更加有效的備選方案。

投入／影響比

投入		當許多人參與時,開放空間技術的效果最好。這需要投入大量的時間。
對生存的影響		經常舉行開放空間會議可以改變組織。

8　Harrison, O. H. 2008. Open Space Technology: A User's Guide. Berrett-Koehler Publishers. ASN: 978-1576754764.

步驟

若要嘗試此實驗，請執行以下步驟：

1. 邀請整個組織或部分成員參加開放空間會議，會議長度可以從數小時到數天。開放空間會議的邀請應該要以自願參加為基礎。在大空間或是有許多小房間的場地進行開放空間會議的效果會最好。請事先準備一張網格圖，並提供便利貼、麥克筆、活頁掛紙及椅子。

2. 介紹開放空間的概念與運作機制。參與者可以自由選擇參加對他們最有用的會議，或者離開他們無法貢獻的會議。這稱為「雙腳法則」（the law of two feet）。此外，為促進自組織，有四個基本規則：（1）出席的人都是最適合的、（2）不管何時開始都是最適當的時間、（3）無論發生什麼事，都是當時唯一能發生的事，以及（4）結束的時候就該結束。

3. 介紹開放空間的核心主題。廣泛的主題會比狹隘的主題來得有效，例如「眼前我們需要解決的挑戰是什麼？」、「我們如何提高團隊的自主性？」或「我們如何在喪屍 Scrum 的情況下取得進展？」。

4. 開放交流空間。邀請參與者提出他們想與其他人一起探討的挑戰或主題，並提供會議的時間與地點。將各個會議展示在一個醒目的時間表上。會議提案者同時也是發起人，但他們不需要對這個主題有經驗。

5. 會議在預定時間與指定地點舉行。

6. 如果有需要，你可以要求每個會議的參與者簡要概述結果，或者將結果發布在虛擬空間中。

我們的發現

- 你可以找一群能促進會議進行的志願者來為會議提議者提供支援。這對於參與者之間存在明顯權力不平衡的會議中尤其有幫助。例如，這些不平衡往往顯現在上下級人員之間，這會嚴重影響討論。

- 開放空間的一個常見缺陷是，會議可能演變成無組織的小組對話，被一些出聲較大的人主導。或者，會議提議者利用整個時段來「播報資訊」，而不是善用參與者的知識與經驗。你可以透過使用活化結構來克服這個問題，例如「發生什麼、影響什麼、現在要做什麼？（W3）」、「探索行動對話」、「1-2-4- 全體」以及「15% 解決方案」。請確保每場會議都有一些材料（例如：活頁掛紙、貼紙等）能用來記錄大家的見解。

接下來呢？

在本章中，我們探討了能幫助團隊提升自主性及承擔責任的實驗。這是《喪屍 Scrum 生存指南》中的最後一塊拼圖。自組織是很好的推動元素，能幫助你滿足利害關係人的需求、快速交付及持續改善。當你為團隊創造空間時，出現的解決方案將可以趕走團隊的死氣沉沉，並加快你邁向完全復原的腳步。

> 「新兵！在尋找更多的實驗嗎？***zombiescrum.org***
> 網站提供了廣泛的工具可供運用。你也可以提供你
> 的實務經驗，幫助我們擴充工具庫。」

13

復原之路

「一切都會沒事的。」

——Carl Grimes,
《陰屍路》

在本章中，你將會：

- 完成對抗喪屍 Scrum 的訓練。

- 找出更多能幫助你邁向復原之路的資源。

- 找到其他人，攜手合作，克服喪屍 Scrum。

你已經讀完《喪屍 Scrum 生存指南》了。綜觀本書，我們介紹了喪屍 Scrum 常見的症狀與原因。現在，你應該清楚了解喪屍 Scrum 與健康 Scrum 雖然表面上看起來相似，但仔細觀察就會看出本質上的不同。這些知識可以幫助你專注在能創造最大價值的行動，例如：實際讓利害關係人參與、更快速地交付，以及幫助你的團隊管理他們的工作。它也展現了透明性可以如何幫助你建立改變的急迫性，例如：週期時間太長會讓團隊難以應對緊急的變化。但這些知識只能幫助你了解如何改變，你必須將它們轉變成明確的行動以提高績效。我們提供了許多思考方向與可以進行的實驗。在最後的章節中，我們將助你一臂之力，讓團隊往復原之路邁進。

「恭喜你，新兵！你已完成訓練。不過真正的冒險是在實際行動時才開始。」

全球性的運動

恭喜！你現在是喪屍 Scrum 對抗軍的正式成員了。這是一個全球性的運動，目的是支持團隊與組織走上復原之路。在這個旅程中，你並不孤單。以下是一些能讓你從這個運動中獲益並也提供貢獻的訣竅：

- 舉行內部的「喪屍 Scrum 聚會」。和組織內與你有相同信念、相信 Scrum 框架可以實現更多可能性的人，一起閱讀這本書。你可以使用實驗「Start a Book Club」（可以在 zombiescrum.org 網站上找到）做為靈感。

- 舉行區域性的喪屍 Scrum 對抗聚會，將不同組織的人聚在一起。共同努力嘗試這本書中提出的不同實驗，加以精煉並發展出更多實驗。聚會是一個支援彼此的好地方。

- 在網路上分享你的喪屍 Scrum 經驗。特別是分享你嘗試過的事情，哪些是有效的方法與哪些是無效的。真誠的故事是其他人的靈感來源。你可以在社交媒體上透過影片或部落格分享經驗。

如果一切都無濟於事呢？

你必須認清一點，並非每個組織都能夠或願意從喪屍 Scrum 中復原。在形成組織團隊的過程中，成員執著的信念、目前的結構及權力的失衡，都可能會讓你難以改變團隊以外的任何事情，甚至連改變自己的團隊也很困難，尤其是難以找到志同道合的夥伴時。如果一切都無濟於事，你該怎麼辦？如果你發現自己因為對於小範圍、局部的改變都無能為力而感到愈來愈沮喪時，又該怎麼辦？

我們也曾身處那些舉步維艱且強烈抗拒的組織中。最終，個人所能做的事情也有限。當你已經達到能力可及的極限，卻仍然無法改變任何事情時，很容易會陷入憤世嫉俗與負面的情緒之中。這通常會發生在對 Scrum 框架可能性充滿期待，卻發現自己的熱情在其他人那裡得不到任何回應的人身上。

請聽進我們的建議：在嘗試多次並採用多種方式之後，某些時候，失敗是不可避免的。這並不可恥，接受現實也會讓你的心態更健康。具體情況取決於每個人的情境。在有些情況下，我們放棄了 Scrum 框架，回到組織原先的狀態。雖然這麼做並不理想，但我們仍然可以致力於能掌控的領域，例如技術品質。在其它情況下，當我們遇到作風不同的同事，成為新的盟友時，就可以重新開始投入。當然，在某些情況下，我們會跳槽到與我們的理念更契合的組織。

你對於團隊與組織的願景可能不總是被大家認同。有時候，你只能努力工作並嘗試各種不同的方法來幫助大家看見可能性。隨時歡迎加入對抗喪屍 Scrum 的行列。這是一個龐大、充滿熱情與熱忱的社群，而且致力於提供你支援與指導。加入這個社群，與大家一起對抗喪屍 Scrum 吧！

更多資源

如果你在閱讀完本書後，希望趕快開始你的旅程，那麼以下資源將能提供你一些幫助：

- 我們建立了一個免費的數位版喪屍 Scrum 急救箱，裡面包含一些本書實驗的有用資料與其他的實用練習。你可以從 **zombiescrum.org/ firstaidkit** 下載數位版本，也可以在網站中訂購實體的紙本急救箱。

- **survey.zombiescrum.org** 網站上提供了一項可以為你的團隊診斷是否受到喪屍 Scrum 影響的問卷調查。這份問卷調查是免費的，而且可以匿名使用。隨著我們從資料分析結果中了解更多資訊之後，這份調查與你之後收到的回饋都將不斷地改善。我們正與大學合作展開這項研究，並將結果發布在同儕審查的期刊上。

- 我們的網站 **zombiescrum.org** 是對抗喪屍 Scrum 的中樞。在這裡你可以找到許多實驗、各地聚會的清單，以及如何自行舉辦聚會的指南。此外，我們也會分享來自業界的經驗。

- 網站 **scrumguides.org** 提供了最新版本的官方 Scrum 指南。Scrum 指南定期由其創辦人 Ken Schwaber 與 Jeff Sutherland，以及全球 Scrum 社群一同檢視與調整。

- **Scrum.org**（這也是網址）是一個能讓你深入了解 Scrum 框架的權威機構。Scrum.org 是由 Scrum 框架的創辦人之一 Ken Schwaber 所建立。

結語

我們在本書開頭以嚴肅的口吻寫道：喪屍 Scrum 已在全球蔓延，不論組織大小都受到生存威脅。每三個團隊中，就有兩個團隊苦於無法讓 Scrum 框架順利運作。其原因也顯而易見。Scrum 框架的目標可以拆分成四個相互關聯的領域：打造利害關係人的需求、快速交付成果、根據所學持續改善以及遇到障礙時進行自組織。這是降低複雜工作風險與更靈活應對利害關係人的最佳方法，也正是敏捷的精髓所在。

然而，這些領域與一般組織的工作方式不同，這種代溝將對團隊快速應變的能力帶來摩擦與阻礙。我們可以在書中看到很多這類問題的範例。Scrum 框架透過要求團隊遵循單一的規則來幫助團隊克服障礙：在每個 Sprint 都打造出一個可發布的增量。如果能拚盡全力幫助團隊達到這一點，所有阻止團隊敏捷的障礙最終都會被移除。

如果團隊始終無法遵循這條規則，而又沒有人試圖改善時，喪屍 Scrum 就會開始出現。如此一來，任何的改變都只是表面的。遠看像是 Scrum，但卻無法創造出任何形式的敏捷。

我們撰寫本書的目的，是透過喪屍 Scrum 的角度深入理解 Scrum 框架的目的。同時我們也分享了超過 40 個有用的實驗，幫助團隊從喪屍 Scrum 中復原。

身為喪屍 Scrum 對抗行列的正式成員，現在輪到你將自己的所學付諸實踐了（請參閱圖 13.1）。尋找同伴、攜手合作，並克服喪屍 Scrum。我們相信你能做到！

圖 13.1 祝你在復原的旅程中一切順利。儘管有時候可能會感到孤單與困難重重，但你不是唯一一位渴望打造更好工作環境的人

Note

Note

Note

Let's Scrum

官方認證敏捷人才培訓

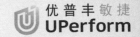
优普丰敏捷 UPerform

敏捷看似簡單　認證培訓導正錯誤認知！

授證講師皆經過Scrum Alliance 官方認證取得Certified Scrum Trainer® (CST) 培訓師資格

長宏安排的授課講師皆為亞洲頂尖講師並使用〝中文〞授課，溝通零障礙

會長打開學員敏捷思路、課程啟發性強，多元培訓方式和內容豐富、課程生動有趣，課後回到工作應用

和一群志同道合的同學共同學習，建立正確敏捷知識及領導技巧

周龍鴻
Roger Chou, PhD, CST

李國彪
Bill Li, CST

申健
Jacky Shen, CST, CTC

張寧寧
Lance Zheng, CST, CTC

100% 取得

 CSM CERTIFIED
 CSPO CERTIFIED

立即報名

課程報名　企業專區

資深輔導教練　除2天正式課程外，另在課前安排資深輔導教練進行課程預習，加強敏捷基礎概念與線上工具應用

專利輔考系統　提供7天24小時不打烊線上專利輔考系統，包含課前、課後測驗，安心上場考試，考取率達100%

豐富學習資源　加入台灣敏捷部落，實踐敏捷，享有換證資源、授權實務教案、一對一教練會談、CSM校友會，持續充電

彈性上課方式　提供實體與視訊培訓模式，無論是想體驗現場實作或是學習線上互動工具，皆能在長宏找到適合你的學習模式

完整考照路徑　全台唯一提供 A-CSM、A-CSPO、A-CSD、CSP-SM、CSP-PO進階考照資源，打造自我競爭力，挑戰自我，從台灣千位CSM、CSPO脫穎而出，僅在長宏專案

上課場景分享

無論是視訊或是實體上課，長宏皆能營造最棒的上課氛圍且學習效果完全不打折

視訊互動班
體驗虛擬團隊

學習線上工具
Slido、Miro、Mural

小組分組討論
敏捷角色模擬

體驗傳統專案與
敏捷開發不同協作方式

開發實作
實際演練

敏捷3角色5事件
卡片互動

長宏專案管理顧問有限公司　www.PM-ABC.com.tw　電話:07-588-8800　信箱:PMABC@mail.PM-ABC.com.tw

讀者回函

讀者回函

感謝您購買本公司出版的書，您的意見對我們非常重要！由於您寶貴的建議，我們才得以不斷地推陳出新，繼續出版更實用、精緻的圖書。因此，請填妥下列資料(也可直接貼上名片)，寄回本公司(免貼郵票)，您將不定期收到最新的圖書資料！

購買書號： 書名：

姓　　名：＿＿＿＿＿＿＿＿＿＿＿＿＿＿＿＿＿＿＿＿＿＿＿＿

職　　業：□上班族　　□教師　　□學生　　□工程師　　□其它

學　　歷：□研究所　　□大學　　□專科　　□高中職　　□其它

年　　齡：□10~20　　□20~30　　□30~40　　□40~50　　□50~

單　　位：＿＿＿＿＿＿＿＿＿＿＿　部門科系：＿＿＿＿＿＿＿＿＿

職　　稱：＿＿＿＿＿＿＿＿＿＿＿　聯絡電話：＿＿＿＿＿＿＿＿＿

電子郵件：＿＿＿＿＿＿＿＿＿＿＿＿＿＿＿＿＿＿＿＿＿＿＿＿

通訊住址：□□□ ＿＿＿＿＿＿＿＿＿＿＿＿＿＿＿＿＿＿＿＿＿

＿＿＿＿＿＿＿＿＿＿＿＿＿＿＿＿＿＿＿＿＿＿＿＿＿＿＿＿＿＿

您從何處購買此書：

□書局＿＿＿＿＿　□電腦店＿＿＿＿＿　□展覽＿＿＿＿＿　□其他＿＿＿＿＿

您覺得本書的品質：

內容方面：　□很好　　　　□好　　　　　□尚可　　　　□差

排版方面：　□很好　　　　□好　　　　　□尚可　　　　□差

印刷方面：　□很好　　　　□好　　　　　□尚可　　　　□差

紙張方面：　□很好　　　　□好　　　　　□尚可　　　　□差

您最喜歡本書的地方：＿＿＿＿＿＿＿＿＿＿＿＿＿＿＿＿＿＿＿＿

您最不喜歡本書的地方：＿＿＿＿＿＿＿＿＿＿＿＿＿＿＿＿＿＿

假如請您對本書評分，您會給(0~100分)：＿＿＿＿＿＿　分

您最希望我們出版那些電腦書籍：

請將您對本書的意見告訴我們：

您有寫作的點子嗎？□無　□有　專長領域：＿＿＿＿＿＿＿＿＿

博碩文化網站　　　http://www.drmaster.com.tw

歡迎您加入博碩文化的行列哦！

✂請沿虛線剪下寄回本公司

Give Us a Piece Of Your Mind

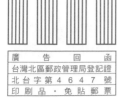

廣　告　回　函
台灣北區郵政管理局登記證
北 台 字 第 4 6 4 7 號
印 刷 品 ・ 免 貼 郵 票

221

博碩文化股份有限公司　產品部

台灣新北市汐止區新台五路一段112號10樓Ａ棟

博碩文化

博碩文化